Küsten-Wissen

Bibliografische Information der Deutschen Nationalbibliothek
Die Deutsche Nationalbibliothek verzeichnet diese Publikation in der Deutschen Nationalbibliografie; detaillierte bibliografische Daten sind im Internet über http://dnb.d-nb.de abrufbar.

ISBN 978-3-8319-0682-6
© Ellert & Richter Verlag GmbH, Hamburg 2017

3. Auflage 2019

Lektorat: Annette Krüger, Hamburg
Gestaltung: BrücknerAping Büro für Gestaltung GbR, Bremen
Gesamtherstellung: CPI books GmbH, Leck
www.ellert-richter.de
www.facebook.com/EllertRichterVerlag

Bildnachweis: Archiv E&R: 15, 62, 147; Volkert Bandixen: 131; Fotolia: Bezug, ABC-Motive, 10, 17, 19 , 20, 27, 37, 42, 44/45, 47, 57, 64, 72, 73, 75, 81, 83, 85, 89, 91, 94, 101 o., 101 u., 102, 110, 111, 115, 117, 136, 137, 140, 143, 153, 157, 170, 171, 173, 178, 179, 181; grafikfoto.de/Staudt: 36; Ottmar Heinze, Hamburg: 22/23, 86; Hans Joachim Kürtz, Kiel: 39; Naturgewalten Sylt, List: 142 (B. Bonnani); Georg Quedens, Norddorf/Amrum: 11, 18, 30/31, 33, 35, 49, 52, 53, 60/61, 88, 101 M., 106 u. l., 146, 149 o. , 149 M. r., 149 u., 150, 160, 175, 184/185; Syltbild Stöver, Wenningstedt: 158, 160; Wikimedia Commons: 56, 69, 78/79, 92, CC-BY-SA 2./3./4.0: 12 (Heinz-Josef Lueking), 13 (Christian Fischer), 28 (Cellenarius), 76/77 (Armin Süssen), 106 o. l. (Jebulon), 106 o. r. (Darkone), 106 M. l. (4028mdk09), 106 M. r. (Arne Hückelheim), 106 u. r. (Ecomare), 109 (Francis Bee), 144 o. (Holger.Ellgaard), 144 M. l. (indeeous), 144 M. r. (Simon Koopmann), 144 u. (Jean-Luc 2005)

Julia Voigt / Imke Voigtländer

Küsten-Wissen
Von Achtern bis Zugvögel

Ellert & Richter Verlag

sh:z das medienhaus

Inhalt

Vorwort

Wenn an den Küsten die Elemente Wasser und Erde aufeinandertreffen, gibt es immer grundsätzliche Fragen. Welches Element siegt? Nimmt das Wasser uns Land, wie es immer wieder bei Sturmfluten zu beklagen ist, oder ringen wir dem Wasser Land ab, wie das seit Jahrhunderten geübte Praxis in der Marsch, bei den Kögen und Poldern und nicht zuletzt bei Hunderten Kilometern Deichlandschaft der Fall ist?

Dieser Streit der Elemente ist kein Spaß, denn es kann schnell um Leben und Tod gehen. Vielleicht ist dieser ernste Hintergrund auch Ursache dafür, dass uns alles an der „Waterkant", der Schwelle zwischen Trocken und Nass, zwischen Wasser und Land, so existenziell vorkommt.

Wem das zu ernst oder zu trocken ist, der kann es auch lustiger und nasser haben: Wissen Sie, was eine Armleuchteralge ist? Dass es keine Scherben gibt, wenn es ans „Glasen" geht? Warum es beim „Kenknern" auf Föhr anders knallt als anderswo? Und warum die architektonische Einrichtung der Klöndör an Gemütlichkeit nicht zu überbieten ist? Und sollten Sie nach der Lektüre dieses Buches wirklich verstanden haben, warum es Halligen gibt, dann gratulieren wir Ihnen schon jetzt.

Die Begriffe, die sich rund um die Küstenlandschaften und das Küsten-Wissen drehen, regen zum Nachdenken an. Und daher ist es gut, sich über die Bedeutung der verwendeten Begriffe Gewissheit zu verschaffen. Das vorliegende Buch macht genau dies – und liefert noch eine ganze Reihe von Informationen mit, die eigentlich dem Erdkundeunterricht gut angestanden hätten.

Ein letztes Beispiel: Als die Flensburger Förde, die auf Dänisch seit alters „Flensborg Fjord" heißt, ein neues Tourismus-Label bekommen sollte, entbrannte ein bitterer Kampf darum, ob eine Förde tatsächlich auch ein Fjord sei. Darüber streiten sich seitdem die Gelehrten. Die Schlussfolgerung: Die Förde bleibt das, was sie für die Flensburger ist, und wenn die Dänen sie „Fjord" nennen, ist das auch willkommen.

So einfach kann die Waterkant zwischen den Elementen sein.

Stefan Hans Kläsener
Chefredakteur sh:z

Achtern

In aller Kürze könnte man sagen: Achtern ist alles, was hinten ist – angefangen beim eigenen Hinterteil, das im Plattdeutschen schon mal zum „Achtern" oder „Achtersteven" wird. Unter Seemännern gesprochen, ist das Achterschiff folglich der hintere Teil des → *Schiffes*, und muss ein Steuermann den Rückwärtsgang einschalten, läuft er achteraus. „Achterndiek" oder „Achtern Diek" ist zudem ein beliebter Name für Gästehäuser und Restaurants. Übersetzt heißt es „hinterm → *Deich*" und verspricht Touristen die unmittelbare Nähe zum Meer.

Wenn jemand „vun achtern" kommt, sollte man allerdings besser Acht geben, denn der kommt hinterrücks und könnte „achtersinnige" (hinterhältige) Pläne hegen und „achterdöör gahn" (durch die Hintertür kommen, auch: täuschen). Ab und zu mal einen Blick achtern zu werfen, kann da nicht schaden! Wem jetzt vollends sprachschwindelig geworden ist, der sollte sich am besten erstmal auf den Achtern setzen und in aller Ruhe gedanklich „achterankamen" (hinterherkommen).

Achterwasser

„Achterwasser" ist kein nautischer Begriff, den sich Segler jetzt unbedingt merken sollten. → *Achtern* heißt übersetzt aus dem Niederdeutschen „hinteres, hinten" und hat nichts mit → *Schiffen* zu tun.

Aber wer gern einmal ausspannen und sich die frische Seeluft um die Nase wehen lassen möchte, der sollte sich auf seiner Reisekarte das Achterwasser der norddeutschen → *Insel* Usedom markieren. Es ist nämlich eine recht hübsche Lagune des in die → *Ostsee* mündenden Peenestroms und ragt ein ganzes Stück in die Insel hinein. Von der Ostsee trennt das Achterwasser nur eine schmale Landbrücke zwischen den Orten Ückeritz und Zinnowitz. An dieser Stelle ist das Achterwasser gerade mal 300 Meter breit, was bei Hochwasser in den letzten Jahrhunderten schon öfter bedeutet hat, dass die Brücke überflutet wurde und das Achterwasser mit der offenen See verschwamm.

Die Breite der seeartigen Erweiterung wird auf gut 15 Kilometer geschätzt. Flankiert wird das Achterwasser von der → *Halbinsel* Gnitz im Norden und dem Lieper Winkel im Süden. Mit

Das Achterwasser ist eine Lagune des in die Ostsee mündenden Peenestroms. Da es nicht sehr tief ist, ist es ein beliebtes Surfrevier.

Wassertiefen von zwei bis drei Metern eher flach, ist das rund 300 Quadratkilometer große Gewässer ein begehrtes Surf- und Segelrevier. Allerdings ist der Grund des Achterwassers ziemlich steinig.

Meist reist man entweder über die Wolgaster Klappbrücke oder direkt auf dem Seeweg an.

Alkoven Ein Schrank zum Drinschlafen – so könnte man

einen Alkoven beschreiben. Aber keine Sorge, es handelt sich dabei nicht um einen Ort, an dem heimliche Liebhaber bequem versteckt wurden. Liebeleien gab es in der wohligen Wärme aber sicher auch, denn der Alkoven war in erster Linie ein einfacher und warmer Rückzugsort für die Nacht. In alten Bauernhäusern wurde das Schrankbett häufig zwischen dem beheizbaren Wohnraum („Dörns") und der durch das Kochen erwärmten Küche eingebaut. Mit der Zentralheizung verschwand dieser versteckte Schlafplatz aus den meisten Häusern. Noch heute werden allerdings Bettnischen in Wohnmobilen oder LKWs manchmal als „Alkoven" bezeichnet.

Rechts das „Alkoven" genannte Wandbett, links der Beilegerofen in einem Wohnraum („Dörns") im Friesenmuseum Niebüll-Deezbüll.

In einigen Regionen Norddeutschlands wird der Alkoven auch „Butze" genannt – ein Begriff, mit dem umgangssprachlich zudem besonders kleine Wohnungen gemeint sind. Was braucht man schließlich mehr als ein warmes Bett?!

Anwachs Dem → *Geest*-Fuß in Höhe der Duhner Heide

(die zum Nationalpark Niedersächsisches Wattenmeer gehört) ist eine → *Salzwiese* vorgelagert: der sogenannte Duhner Anwachs. Er ist ab 1936 durch → *Landgewinnung* entstanden. Damals legte man im → *Watt* vor Duhnen, einem Stadtteil von Cuxhaven, → *Lahnungen* (zwischen Pfahlreihen gepackte Buschdämme) an, um die Schlickablagerung zu fördern. Die aufgelandeten Bereiche wurden dann durch ein System von Gräben (Grüppen) entwässert. Bei → *Sturmfluten* schützt der Anwachs als Wellenbrecher den → *Deich* (siehe auch → *Vorland*). Heute ist der Duhner Anwachs vor allem die „Ruhezone" des Nationalparks, denn trotz seiner vergleichsweise geringen Größe hat er eine entscheidende Bedeutung als Hochwasserrastplatz für Vögel. Im Winterhalbjahr halten sich hier sehr gern → *Zugvögel* wie zum Beispiel nordische

Der Anwachs, auch „Vorland" oder „Neuland" genannt, beschleunigt die Ablagerung von Sedimenten und damit die Erhöhung des Wattbodens.

Gänse auf. Im Sommer sind es heimische Küsten- und Wiesenvögel wie Austernfischer, Rotschenkel, Kiebitz, Brandgans und sogar Seeschwalben, die sich hier ein Stelldichein geben (→ *Seevögel*). Deshalb darf auch niemand den Duhner Anwachs betreten.

Salzwiesen entstehen übrigens überall an den Stellen im Wattenmeer, wo der Schlick nur noch zeitweise vom Meer überflutet wird. Dort wachsen bestimmte Pflanzen, die den Grundstock für die ökologisch wichtigen Salzwiesen bilden. Damit sich Salzwiesen wieder natürlich entwickeln können, hat man die Beweidung inzwischen weitgehend eingestellt.

Armleuchteralge
Armleuchteralgen sind Wasserpflanzen, die in ihrer Form an vielarmige Kerzenleuchter erinnern und unter anderem in → *Bodden* zu finden sind. Manche Arten der Armleuchteralge sollen aber auch in Regenwassertümpeln gesichtet worden sein.

Kurz: Eigentlich sind Armleuchteralgen nichts Besonderes, und wären sie nur unter ihrem lateinischen Namen „Charophyceae"

Armleuchteralgen erinnern an einen Kerzenleuchter und sind vor allem in den Bodden in Mecklenburg-Vorpommern zu finden.

bekannt, hätten sie hier auch nichts verloren. Aufgrund ihres merk-würdigen deutschen Namens, der sich bei den Autorinnen nach kürzester Zeit einen Ehrenplatz unter den persönlichen Sprachfunden von der Küste erobert hat, soll ihre Entdeckung jedoch auch den Lesern dieses Buches nicht länger vorenthalten werden.

Backbord

Backbord = links, → *Steuerbord* = rechts. Ist doch ganz einfach oder? Auf jeden Fall hat, wer Backbord und Steuerbord nicht auseinanderhalten kann, auf einem → *Schiff* nichts zu suchen. Denn wenn es angesichts eines Hindernisses auf See heißt „Ruder hart steuerbord!", könnte es lebensgefähr-

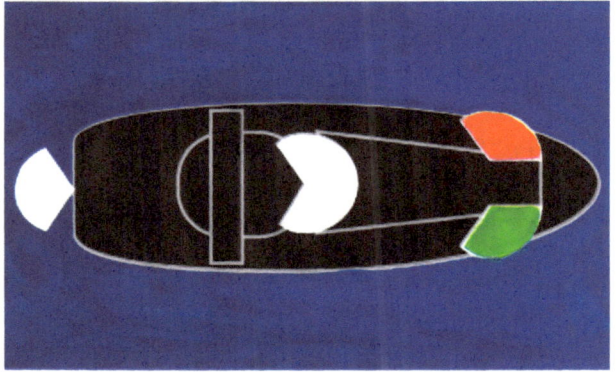

Backbord (links, rot) und Steuerbord (rechts, grün) signalisieren jedem Seemann von hinten nach vorn schauend die Position und Richtung.

lich werden, wenn der Steuermann erst überlegen muss, ob das jetzt da war, wo der Daumen rechts ist – also links – oder umgekehrt.

Zur völligen Verwirrung aller Landratten werden den beiden Seiten auch noch Farben zugeordnet: Vom hinteren Teil eines Schiffes (Heck) nach vorn schauend, sind die Positionslichter auf der linken Seite rot und auf der rechten Seite grün. Diese Lichter dienen auf See dazu, anderen Schiffen Position und Bewegungsrichtung anzuzeigen, damit man sich auf dem → *Fahrwasser* nicht in die Quere kommt. Klar, dass es an Bord – und zwar ganz egal, auf welcher Seite – für so lebenswichtiges Wissen passende Eselsbrücken gibt. „Links ist, wo das Herz backt und das Herz blutet, und das Blut ist rot" lautet eine. Eine andere konnte für unwissende Matrosen auch schon einmal schmerzhaft ausfallen: Wird ein Matrose für seine Unwissenheit mit einer Backpfeife bestraft, läuft die linke Wange rot an. Allerdings nur, wenn der, der zuschlägt, Rechtshänder ist … Das Leben an Bord ist hart.

Bannig
Leider ist das plattdeutsche Wort „bannig" für „stark, kräftig" bei vielen Norddeutschen aus dem Wortschatz verschwunden. Früher sagte man auch „bandig", was so viel wie „gewaltig" und „außerordentlich" heißt. Ein „banniger Kerl" beispielsweise ist ein echter Prachtbursche. Allerdings könnte da ein kleiner spöttischer Unterton dabei sein.

Bernstein
Ist ein Baum verletzt, tritt Harz aus. Härtet diese klebrige Masse aus, entsteht Bernstein. Das zumindest ist die Kurzfassung. Allerdings braucht es für diesen Prozess etwas Geduld. Die Bernsteine, die man heute noch vorwiegend an der → Ostsee-Küste finden kann, sind mehrere Millionen Jahre alt. So alt sind auch die Insekten, die zur falschen Zeit am falschen Ort waren und als sogenannte Inklusen in einen später versteinerten Harztropfen gerieten. Zum Ausgleich blieben sie in ihrem ‚Grab' gut konserviert und geben bis heute der Forschung Aufschluss über Flora und Fauna in der Vor-Eiszeit.

Ob gemahlen, als Amulett getragen oder in Form von Bernsteinöl – dem fossilen Baumharz wurden und werden zudem zahlreiche Heilwirkungen zugeschrieben: So soll es Babys beim Zahnen helfen, Magenbeschwerden und rheumatische Schmerzen lindern und ganz allgemein vor bösem Zauber, Hexen, Dämonen und Trollen schützen. Kein Wunder also, dass Bernsteine auch als das „Gold der Meere" bezeichnet werden.

Wer sich am → Strand auf die Suche nach dem beliebten Heil- und Schmuckstein macht, sollte seine Funde jedoch auf keinen Fall in die Hosentasche stecken. Es kam bereits mehrfach zu Verwechslungen mit Phosphorbrocken, die sich in getrocknetem Zustand selbst entzünden können. Die Phosphorteile sind Überbleibsel von Brandbomben, die im Zweiten Weltkrieg eingesetzt wurden.

Wer mehr darüber wissen möchte, woran man echte Bernsteine erkennt, für den lohnt sich ein Ausflug in eines der Bernstein-

Bernstein, „das Gold des Nordens", bildet sich in Jahrmillionen
aus dem Harz der Bernsteinkiefern. Ein Exemplar mit „Einschluss" (Inkluse),
zum Beispiel einem Insekt wie auf unserem Foto, ist besonders wertvoll.

museen an der Ostseeküste. Das Deutsche Bernsteinmuseum in
→ *Ribnitz-Damgarten* wartet eigenen Aussagen nach mit einer
der bedeutendsten Bernsteinsammlungen Europas auf. Auch das
kleine Bernsteinmuseum in Sellin auf → *Rügen* zeigt wunderschöne Ausstellungsstücke aus dem „Gold des Meeres".

www.deutsches-bernsteinmuseum.de
www.bernsteinmuseum-sellin.de

Blanker Hans „Blank" lässt sich ohne großes Nach-
denken mit „glänzend weiß, glatt" übersetzen. Damit hat der
„Blanke Hans" allerdings so gar nichts zu tun. Beim „Blanken
Hans" bekommt man die blanke Angst, denn so werden → *Sturmfluten* oder Orkane, die auf der → *Nordsee* ihr Unwesen treiben
und die → *Deiche* bedrohen, bezeichnet. Hört man den Ausruf,
sollte man sich schleunigst vom Acker machen. Auch in nord-

Der Blanke Hans tobt: Die schwere Sturmflut vom 28. November 1932 überspült den Strand der Ostfriesischen Insel Spiekeroog.

deutscher Lyrik und Kunst ist der „Blanke Hans" ein immer gern verwendetes Motiv.

Bodden

An einer Boddenküste sieht man über weite Strecken den Boden, denn am Bodden ist es vor allem eines: flach. Daher hat diese → *Küstenform* auch ihren Namen: „Bodden" ist ein Begriff aus dem Niederdeutschen, heißt übersetzt „Erdboden" oder „Fußboden" und bezeichnet flache → *Küstengewässer*, die durch → *Inseln* oder Landzungen vom Meer abgetrennt sind. Genau genommen ist ein Bodden also eine Lagune. Da aber die blaue Südsee wenig mit der rauen → *Ostsee* gemein hat, passt „Bodden" einfach viel besser.

Doch auch, wenn die Ostsee-Lagunen nicht unbedingt Südsee-romantik aufkommen lassen, sind sie bevorzugter Aufenthaltsort für zahlreiche Lebewesen, darunter → *Armleuchteralgen*, Borsten-wurmarten und Herzmuscheln (→ *Muschel*). Die wiederum stehen auf dem Speiseplan einiger → *Seevögel* und → *Fische*, für die angesichts dieses paradiesisch gedeckten Tisches doch ein wenig Südseefeeling aufkommen könnte. Grund für die Ansiedlung der

Bodden sind flache buchtartige Küstengewässer
und charakteristisch für die südliche Ostsee.

Boddenbewohner sind unter anderem der geringe Salzgehalt des Wassers und der fehlende Seegang, der im Meer immer wieder für Unordnung und Aufruhr sorgt.

Boddengewässer kommen vor allem in der südlichen Ostsee vor, zum Beispiel bei Usedom, → *Rügen* und → *Fischland-Darß-Zingst* mit dem Nationalpark Vorpommersche Boddenlandschaft (→ *Schutzgebiet*). Das Boddengewässer an der Insel Usedom ist das Stettiner Haff.

Beide Begriffe – „Bodden" und → *Haff* – werden bisweilen synonym genutzt.

Born

„Das hübscheste Dorf weit und breit", kann man Besucher des kleinen Ortes Born auf dem Darß häufiger sagen hören. Born ist eine Gemeinde an der Südküste der → *Halbinsel* → *Fischland-Darß-Zingst* und liegt unmittelbar am Nationalpark Vorpommersche Boddenlandschaft (→ *Bodden*, → *Schutzgebiet*).

Zwischen viel grünen Wiesen und altem Waldbestand liegt Born mit rund 1200 Einwohnern fernab vom hektischen Treiben der

Typische Darßer Tür: Besucher bewundern immer
wieder die bunt bemalten Haustüren. Diese sind eng mit der maritimen
Kultur der Segelschifffahrtszeit im 19. Jahrhundert verbunden.

großen Städte. Die Gemeinde ist auch mit reichlich postkarten-
tauglichen Motiven ausgestattet. Die meist flachen alten Reet-
dachhäuser stehen zum größten Teil in Ufernähe. Spaziergänger
und Urlauber bewegen sich dort ungestört auf weiter Flur und
bekommen einen unverbauten Blick auf den Saaler und den Bodstedter Bodden.

Nicht nur Fachleute erfreuen sich an den bunten Darßer Haustüren und Giebelzeichen mit kunstvoll geschnitzten und farben-
frohen Ornamenten. Diese dienen nicht nur der schönen Optik,
sondern zeigen, woher der Erbauer des Hauses kam und welchen
Beruf er einst ausübte. Ebenso idyllisch sind die nahe gelegenen
kleinen → *Inseln*, die sogenannten Neuendorfer Bülten, die mit
reichlich Schilf bewachsen sind und noch viel unberührte Natur
vorweisen können.

www.born.darss-fischland-zingst.de

Brak

Wenn ein → *Deich* bricht, dann strömt Wasser auf die Binnenseite des Deiches. Klingt schon mal ziemlich logisch. Wenn es
aber unglücklicherweise nicht bei einer Pfütze bleibt, sondern
daraus ein ganzer Teich oder vielleicht sogar ein See wird, dann
nennt man diesen „Brak" oder „Wehle".

Brandung

Weiß schäumend krabbelt sie ganz nah an die Gummistiefel
heran, dann macht sie kehrt, nimmt einen neuen Anlauf, kommt
zurück, spritzt vielleicht ein bisschen, zieht sich wieder zurück …
Besonders für Kinder ist die Brandung immer wieder ein faszi-
nierendes Spielzeug. Sie bezeichnet das Verhalten von Wellen,
wenn sie auf Land treffen. In immer flacher werdendem Wasser
brechen sie, bilden mit der Luft zusammen an ihrer Spitze weiß
schäumende Gischt. Dabei produzieren sie Meeresrauschen, das
als Hintergrundgeräusch wahlweise genervte Kunden dauerbe-
setzter Hotlines oder Käuferinnen von Meditations-CDs beruhi-
gen soll. Je nach Windstärke kann Brandung aber auch ein für
diese Anlässe eher kontraproduktives Geräusch tosender See er-

Ein Sturm zieht auf: Brandungswellen vor Sylt.

zeugen. Dann sollten auch Kinder in Gummistiefeln einen ange-
messenen Abstand halten.

Bucht

Eine Bucht ist ein Stück eines Gewässers, das sich ins
Land hinein ausbeult. Über die Größe dieser Beule oder eben
Bucht sagt die Bezeichnung zunächst nichts aus. Ganz große Mee-
resbuchten werden jedoch meist „Golf" oder „Meerbusen" (zum
Beispiel der → *Jadebusen*) genannt. Kleine Buchten in der → *Ost-*

see werden hingegen auch als → *Wiek* bezeichnet. Zu den Buchten an der → *Nordsee* zählt unter anderem der → *Dollart* als Teil der Deutschen Bucht, die sich von den Westfriesischen → *Inseln* in den Niederlanden über die Ostfriesischen und Nordfriesischen Inseln bis an die dänischen Wattenmeerinseln erstreckt.

Butjatha

Sein Thron aus Holz und Eisen steht im Meer, genau genommen vor dem → *Nordsee*-Bad → *Dangast* (→ *Seebad*) am niedersächsischen → *Jadebusen*, der an der Küste meist im → *Watt* hängt. (So eine Schlammpackung soll ja auch gut sein für die Haut.) Seine ‚Krieger'-Skulpturen erinnern an Gänse-

23

blümchen, die die weißen Blätter hängen lassen, und bewachen auch bei küstenfern wohnenden Kunstliebhabern Gärten und Balkone. Ihr Befehlshaber war der selbsternannte → *Wikinger*-Kaiser Butjatha – ein Künstler, der sein Atelier in Elsfleth in der Wesermarsch bezogen hat. Als Kaiser hat Butjatha inzwischen abgedankt. Sein Thron steht jedoch weiterhin im Meer, oder besser im Watt, wo er sich als beliebtes Fotomotiv, Klettergerüst und Rätsel für Touristen verdingt, die sich immer wieder fragen, wer das denn nun war, dieser Kaiser Butjatha.

Seinen Namen hat Butjatha sich eigenen Angaben nach aus den Geschichtsbüchern geliehen: „Butjatha" ist ein alter Name der → *Halbinsel* Butjadingen – der Heimat des ehemaligen selbsternannten Kaisers.

www.butjatha.de

Butterfahrt Was im Süden der Republik die Kaffee-

fahrt mit einem Bus, war im hohen Norden die Butterfahrt auf einem → *Schiff*. Wer sich hier eine – meist kostenfreie – Karte löste, der hatte ein bestimmtes Ziel: günstig einkaufen. Mit einem Fährschiff (→ *Fähre*) ging es über die auf See gelegene Zollgrenze von Deutschland hinaus Richtung Dänemark. Gemäß den damaligen Zollbestimmungen konnte so eine Vielzahl von Artikeln billiger als in Deutschland eingekauft werden. Dazu gehörte vor allem die in Dänemark nach dem Zweiten Weltkrieg preiswertere Butter. Davon hat die Butterfahrt auch ihren Namen. Während in Deutschland Luxusartikel wie etwa Tabak, Spirituosen und Parfüm hoch besteuert waren, konnte man das alles auf der Fahrt nach Dänemark zollfrei und somit ein ganzes Ende billiger einkaufen.

Den deutschen Wirtschaftsleuten waren die Butterfahrten verständlicherweise ein Dorn im Auge. Neue, strengere Bestimmungen wurden erlassen. Dazu gehörte unter anderem, dass vor der Freigabe des Einkaufs das Schiff im Zollausland anlegen musste. Da die Norddeutschen ja schon damals clever waren, wurde das deutsche Butterschiff einfach in den nächstgelegenen dänischen Hafen gesteuert. Dort warf man das Tau aus, schlang es für ein paar Sekunden um den → *Poller*, nur um es gleich wieder zu lösen, und weiter ging die Fahrt. Damit hat man die Formalitäten unkompliziert erledigt.

Butterfahrten waren auf der → *Ostsee* in fast allen Häfen üblich. Hochburg war der Flensburger Hafen. Auf der → *Förde* waren es zu besten Zeiten sechs Ausflugsdampfer, die auf der Route von Flensburg nach Apenrade in Dänemark fuhren. Später wurden auch Butterfahrten mit dem Bus organisiert. Diese verkehrten dann in die Niederlande und nach Polen.

Als die Ära der Butterfahrten mit der Abschaffung des Duty-Free-Einkaufs innerhalb der Europäischen Union 1999 und der EU-Osterweiterung 2004 zu Ende ging, brachte das vielen Menschen die Arbeitslosigkeit. Die Reeder wollten das damals nicht einfach hinnehmen, und einige Betreiber suchten eifrig nach Schlupflöchern.

Daher können Verbraucher bis heute auf Butterfahrten ins EU-Ausland weiterhin steuerfrei einkaufen. Der Europäische Gerichtshof (EuGH) entschied 2005, dass die Mehrwertsteuer beim Anlaufen fremder Häfen nicht gezahlt werden muss. Damit wenden sich die Europarichter gegen eine strengere Praxis deutscher Finanzämter, die Verkaufsfahrten mit der normalen Mehrwertsteuer belegen wollten, wenn Busse und Schiffe nur pro forma im Ausland halten. Dem EuGH reicht dagegen ein symbolischer Stopp in Drittstaaten. Nach der EU-Mehrwertsteuerrichtlinie darf nicht besteuert werden, was während eines kurzen Aufenthalts in Drittstaaten gekauft wird.

Butterfahrten gibt es auch weiterhin zur → *Insel* Helgoland in der → *Nordsee*. Die einzige deutsche Hochseeinsel gilt zollrechtlich als EU-Ausland. Der Ursprung dieses Privilegs liegt in der Zeit, als Helgoland zu England gehörte (1807 bis 1890). Bei der Übergabe der Insel an das Deutsche Reich wurde festgelegt, dass die unter englischer Herrschaft eingeführten Sonderregelungen auch unter „Deutscher Flagge" Bestand haben sollten.

Duckdalben sind in den Hafengrund eingerammte Pfähle zum
Befestigen von Schiffen oder zur Markierung der Fahrrinne.

Dalbe
Dalben oder auch Duckdalben sind → *Poller*, die im
Wasser stehen, deren Artgenossen im Straßenverkehr wiederum
im Niederdeutschen auch als „Pömpel" bezeichnet werden. Alles
klar? Nochmal von vorn: Dalben sind Pfähle, die am Hafen in
den Boden gerammt werden. In erster Linie sind sie dazu da, dass
→ *Schiffe* an ihnen festmachen können (→ *Festmacher*), sich nicht
an den Hafenanlagen ‚scheuern' – und in zweiter Linie natürlich,
damit → *Möwen* sich auf ihren oft weiß gestrichenen Enden in
den Häfen an → *Nord-* und → *Ostsee*-Küste fotogen in Szene setzen oder den nächsten Touristen anpeilen können, der unvorsich-
tigerweise mit einem ungeschützten → *Fischbrötchen* in ihrer
Nähe vorbeispazieren möchte.
Die Familie der Dalben ist daher groß, und ihre Mitglieder sind
hoch spezialisiert: Es gibt Anlegedalben, Vertäudalben, Schutz-
dalben, Leitdalben, Streichdalben, Leuchtfeuerdalben, Eisbre-
cherdalben, Führungsdalben und Deviationsdalben. Darauf, jede
einzelne von ihnen zu erläutern, wird jedoch an dieser Stelle ver-
zichtet. Auch die Wortherkunft, die womöglich mit dem spanischen Herzog von Alba („Duque de Alba") und seiner Herrschaft

in den Niederlanden im 16. Jahrhundert zusammenhängt, muss hier ungeklärt bleiben – ebenso wie die Frage, ob es nun „die Dalbe" oder „der Dalben" heißt (laut Duden geht beides). Dalben sind auf jeden Fall ein abendfüllendes Thema, sollte einem nach dem dritten oder vierten → *Köm* in der Hafenkneipe einmal der Gesprächsstoff ausgehen.

Dangast

Dangast ist nicht nur das südlichste Nordseebad, sondern auch das erste → *Seebad* am Festland der niedersächsischen → *Nordsee*-Küste (1797). Kein Wunder, liegt es doch ganz prädestiniert am Busen der Natur, zumindest an dem der Jade (→ *Jadebusen*). Da Dangast außerdem auf der → *Geest* und damit etwas erhöht liegt, hat man auch noch einen besonders guten Blick auf das Meer.

Den wussten auch zahlreiche Künstler zu schätzen, die das frühere Fischerdorf, das sich längst zu einem touristisch beliebten Badeort gemausert hat, als ihr Domizil entdeckten. Einer, der mit Ende 20 nach Dangast zog und dem Ort bis zu seinem Tod treu blieb, war der Maler Franz Radziwill (1895–1983). Das Fischer-

Wohnhaus des Malers Franz Radziwill im Nordseebad Dangast am Jadebusen. Hier malten auch Karl Schmitt-Rottluff, Erich Heckel und andere.

haus, das der Künstler der Neuen Sachlichkeit 1923 kaufte, ist heute als "Franz-Radziwill-Haus" öffentlich zugänglich. In dem ehemaligen Atelier des Künstlers können Besucher – neben zahlreichen Werken – auch einen Blick auf die Staffelei sowie den Malerkittel des Wahl-Dangasters werfen, dessen Haus als Gesamtkunstwerk erhalten geblieben ist.

Auch andere Künstler, zum Beispiel der Maler Karl Schmidt-Rottluff, Mitglied der Künstlergruppe "Die Brücke", kamen als Gäste und ließen sich von der Natur zu berühmten Werken inspirieren. Weit über Dangast hinaus hat sich übrigens auch eine Spezialität aus dem Kurhaus Dangast herumgesprochen: Der Dangaster Rhabarberkuchen soll dort bereits seit 1977 auf der Speisekarte stehen und dürfte diese wohl auch nur unter größtem Protest aller Einheimischen und Urlauber wieder verlassen.

Künstlerhaus: www.radziwill.de
Zuhause des berühmten Rhabarberkuchens:
www.kurhausdangast.de

Deich
Deiche sind diese lang gezogenen Hügel zwischen Meer und Ferienhaussiedlung, auf denen man bei Gegenwind mit dem Rad nicht einen Meter vorankommt und zu Fuß meist Slalom laufen muss, möchte man nicht in einen vierbeinigen, meist recht phlegmatisch wirkenden Deichschützer (→ *Schaf*) laufen oder auf einer seiner gut verteilten Hinterlassenschaften ausrutschen. Deiche sind aber nicht einfach nur da – sie sind bewusst von Menschen angelegt und erfüllen eine wichtige Aufgabe des → *Küstenschutzes*: Sie halten das Meer, besonders wenn es stürmisch Richtung Küste drängt, auf sicherem Abstand zum Menschen und seinen Häusern.

Neben der Schutzfunktion wurden Deiche im → *Wattenmeer* lange Zeit auch eingesetzt, um dem Meer noch ein wenig mehr Land abzutrotzen (→ *Landgewinnung*). Dazu wurden vor dem Festland Deiche um eine Wasserfläche gebaut. Das Wasser innerhalb der Deiche wurde dann über Gräben und Siele abgelassen, bis das umschlossene Land trockengelegt war. Das so neu gewonnene Land nennt man in Schleswig-Holstein "Koog", in Niedersachsen "Groden" und in den Niederlanden "Polder". Besonders

Deiche dienen zum Schutz vor Sturmfluten. Schafe sind die Rasenmäher der
Deiche und schützen den Boden gegen den Befall mit Wühlmäusen.

in Schleswig-Holstein ist die Liste der Orte lang, die sich als Köge
zu erkennen geben, zum Beispiel Bottschlotter Koog in Nordfriesland und Friedrichskoog in Dithmarschen.
Zwar kann durch das Eindeichen mit den Kögen im Sinne des
→ *Küstenschutzes* noch mehr Abstand zwischen Meer und besie-
delte Flächen gebracht werden. Andererseits werden dabei aber
wertvolle Lebensräume für Pflanzen und Tiere zerstört, zum Beispiel Teile des Watts sowie → *Salzwiesen*. In den vergangenen Jahren spielte die Landgewinnung daher eine immer kleinere Rolle.
Die ersten Deiche an der → *Nordsee*-Küste wurden bereits um das
Jahr 1000 errichtet, im Lauf des 11. Jahrhunderts wurden daraus
regelrechte Großprojekte, an denen über Generationen hinweg
gebaut wurde. Die erste zusammenhängende Deichlinie soll um
1300 entstanden sein. Viel Schutz boten diese Bauwerke jedoch

nicht. Sie waren zu flach und nicht stabil genug, um den
→ *Sturmfluten* zu trotzen. Mit jeder Sturmflut lernten die Küstenbewohner dazu – verloren jedoch auch zahlreiche Menschen
an das Meer.

Heute sind Deiche komplizierte und ausgeklügelte Gebilde, in
deren Aufbau alle Erkenntnisse aus den vergangenen Jahrhunderten eingegangen sind. Für den Schutz der Deiche sind unter
anderem die Deichverbände zuständig, geleitet von den → *Deichgrafen*.

Deichgraf Hauke Haien, der Deichgraf aus Theodor

Storms Novelle „Der Schimmelreiter", ist wohl der bekannteste,
wenn auch erfundene, Vertreter seiner Zunft. Deichgrafen, auch
„Deichvögte", „Deichhauptmänner" oder „Schultheiße" (in Niedersachsen) genannt, passen auf die → *Deiche* auf. Klingt nicht
kompliziert – was soll so ein Deich schon groß anstellen? –, bringt

aber eine Menge Verantwortung mit sich. Als Vorsteher eines Deichverbands übernehmen Deichgrafen bis heute an der deutschen → *Nordsee*-Küste wichtige Aufgaben des → *Küstenschutzes* – und das meist ehrenamtlich. Ein verantwortungsvoller Deichgraf sollte stets die Wasserstände im Blick haben. Regelmäßig wird zudem bei einer Deichschau unter anderem der Zustand der Deiche und → *Siele* überprüft, um sicherzustellen, dass die Deiche auch bei Hochwasser halten und die Bewohner „achtern Diek" (→ *Achtern*) keine nassen Füße bekommen.

Nicht mitreiten, aber mitfahren kann man bei einem „Deichgrafen" übrigens auch mit der Deutschen Bahn. Der gleichnamige IC bringt seine Passagiere von Köln aus nach Westerland „bis fast an den Strand", so das Versprechen der Bahn.

Dollart
Der eigentümliche Name „Dollart" kennzeichnet eine Meeresbucht (→ *Bucht*) an der Emsmündung im deutsch-niederländischen → *Nordsee*-Küsten-Gebiet gegenüber von Emden. Ihre Größe liegt in etwa bei 90 Quadratkilometer. Die flache → *Watten*-Bucht weitete sich infolge von → *Sturmflut*-Katastrophen seit 1362 (Marcellusflut) bis 1509 unter Verlust von fast 50 Siedlungen bis zu einer Größe von etwa 500 Quadratkilometern aus. Durch Einpolderungen (→ *Deich*) wurde ab 1545 ein großer Teil des Landes wieder zurückgewonnen.

Düne
Oh wie schön ist es, barfuß durch die weiten, einsamen Dünen zu spazieren. Meeresrauschen, Salz in der Luft und Schäfchenwolken am Himmel … mehr Meer geht einfach nicht. Aber, was ist denn eine Düne eigentlich? Wo kam sie her und wo geht sie hin? Dünen sind ganz pragmatisch gesehen Sandanhäufungen, die der Wind verursacht hat. Die flachen Flugsandfelder bestehen meist aus reinem Quarzsand und erreichen Höhen von wenigen Metern bis zu 200 Metern. Je nachdem, wo die Düne zu finden ist, wird sie → *Strand*-, „Küsten-" oder „Binnendüne" genannt. Man unterscheidet ortsfeste Dünen und Wanderdünen. Doch was benötigt eine Düne, um überhaupt zu entstehen? Na? Klar: Sand, und davon jede Menge, eine anhaltend gleiche Rich-

Dünen gehören zur typischen Landschaft an der Küste: Sie sind immer
in Bewegung. Nur der Strandhafer kann sich hier behaupten.

tung der stärksten Winde sowie Hindernisse wie → *Steine*, Felsen
und Sträucher, bei deren Überwehung der Wind den mitgeführ-
ten Sand ablagern muss. Kleine, so entstandene Einzel-Dünen
bezeichnet man übrigens als „Kupsten".

Die einfache Form sind flach gewölbte Sandhügel oder längliche
Wälle mit zugeschärftem Grat. Eine Düne hängt gern ihre Fahne
in den Wind und wechselt ihre Form nach der Windrichtung.
Auf Dünen können Dünenpflanzen wachsen. Sie treiben meist
Ausläufer und haben starke Wurzeln, die sich fest im Sand ver-
ankern. Die häufigste Dünenpflanze ist der Strandhafer, eine Gat-
tung der Süßgräser. Von ihm gibt es zwei Arten an den Küsten
Europas. Typisch für die Dünen an → *Nord*- und → *Ostsee*-Küste
ist der „Echte Strandhafer". Eine feine, bis zu einem Meter hohe
Pflanze mit aufrechten Halmen.

Die Wanderdüne rückt mit der jeweiligen Windrichtung langsam
weiter. So wurden die großen Wanderdünen im Listland auf Sylt
durch Bepflanzung mit Strandhafer zwar weitgehend zum Still-
stand gebracht, bewegen sich aber immer noch jährlich mehrere
Meter von West nach Ost.

Die tiefe Ebbe im nordfriesischen Wattenmeer legt das
Muster der „Rippelmarken" frei.

Ebbe
Wenn das Wasser geht, ist Ebbe (→ *Gezeiten*). An der
→ *Nordsee*-Küste ist jetzt Zeit für eine Wanderung im → *Watt*,
womöglich sogar von → *Insel* zu Insel, zum Beispiel von Föhr
nach Amrum oder umgekehrt. Aber bitte auf keinen Fall den
Gezeitenkalender vergessen, denn nach gut sechs Stunden ist wieder → *Flut*.

Eider
Mit fast 200 Kilometern hat sich die Eider den Titel als
längster Fluss Schleswig-Holsteins erschlängelt. Viele kennen die
Eider erst ab Rendsburg. Ihr Quelltal liegt jedoch bereits südlich
von Kiel. Die Nähe zur Kieler → *Förde* und damit zur → *Ostsee*
nutzt der TOP1-Fluss aus dem nördlichsten Bundesland jedoch
nicht, um sich gleich wieder in die Meeresfluten zu stürzen. Stattdessen schlängelt sich die Eider genüsslich mal westwärts, mal
nordwärts, fließt durch den an Kiel grenzenden Schulensee und
macht einen Abstecher durch den Naturpark Westensee, bis sie
bei Landwehr, einem Ort zwischen Kiel und Rendsburg, per
Anhalter in den → *Nord-Ostsee-Kanal* einsteigt.

Ausflugsboot auf einem Eiderarm in dem von Holländern angelegten Friedrichstadt, das am Zusammenfluss von Eider und Treene liegt.

Erst in Rendsburg wird die Eider wieder als eigenständiger Fluss erkennbar, weswegen ihr Beginn häufig kurzerhand dorthin verlegt wird. Ab dort wird sie wieder gemütlich und lässt sich durch Wiesenlandschaften tragen. Das stärkt: Die Eider wird in ihrem Verlauf immer breiter. Sie passiert unter anderem Bergenhusen, ein Dorf, das sich wegen zahlreicher verliebter Storchenpärchen, die sich jährlich in riesigen Nestern auf den Dächern der Häuser auf ihren Familienzuwachs freuen, den Beinamen „Storchendorf" trägt. Als sei sie selbst auf Touristentour, fließt die Eider auch durch Friedrichstadt, ein kleines Örtchen, das, im 17. Jahrhundert von Niederländern erbaut, aussieht wie eine Miniaturausgabe holländischer Städte – Grachten inklusive.

Mit einem immer breiter werdenden Mündungstal bereitet sich die Eider dann auf ihren Endspurt vor. Die letzte große Hürde nimmt sie mit dem gewaltigen Eidersperrwerk (→ *Sperrwerk*) in Tönning, bevor sie schließlich südlich der → *Halbinsel* → *Eiderstedt* ihr Ziel erreicht: die → *Nordsee*.

Die Eider war zudem der Grenzfluss zwischen den Herzogtümern Schleswig und Holstein.

Die Leuchtturm-Ikone Westerheversand liegt einsam in den Salzwiesen an der Westseite der Halbinsel Eiderstedt.

Eiderstedt

„In völliger Ebenheit dehnt sich das saftige Weideland der großen Marschhalbinsel…" So beginnt das Kapitel über die → *Halbinsel* Eiderstedt nördlich der → *Eider*-Mündung im „Topographischen Atlas Schleswig-Holstein" von 1966. Noch vor menschlichen Bewohnern werden in dem Text Rinder, → *Schafe* und Fischreiher erwähnt. Kein Wunder, heißt es doch weiter: „Dörfer gibt es in Eiderstedt kaum. Die meisten Gemeinden besitzen nur einen kleinen Ortskern mit Kirche, Schule, Kaufmann und Kirchspielkrug." Inzwischen dürften hier einige Ferienwohnungen, Restaurants, Wellnessanlagen und Wohnhäuser mehr stehen. Viel Natur, → *Marsch*, → *Strand* und Meer, ist jedoch bis heute ein Pfund, mit dem Touristen auf die Halbinsel an der → *Nordsee*-Küste gelockt werden. Die ersten Bewohner sollen dort bereits um 100 nach Christus gesiedelt haben. Eiderstedt bestand ursprünglich aus zwei → *Inseln* und einer Halbinsel. Bei ihrem Zusammenwachsen hat der Mensch durch → *Landgewinnung* nachgeholfen. Heute ist Eiderstedt rund 30 Kilometer lang, 15 Kilometer breit und unter anderem Heimat des → *Roten Haubargs* und des → *Leuchtturms* Westerheversand.

Fähren verbinden Inseln und Halligen mit dem Festland. Die grüne
Insel Föhr wird vorwiegend von Dagebüll aus angelaufen (Foto).

Fähre

Um auf → *Inseln* oder übers Meer in fremde Länder
zu gelangen, eignet sich am besten eine Fähre, also ein regelmäßig
verkehrendes Personen- und Transportschiff, dessen Zweck vor
allem das Erreichen des Ufers jenseits eines Gewässers ist. Die auf
dem Meer hin und her ziehenden → *Schiffe* der verschiedenen
Fährlinien gehören daher zum vertrauten Bild an den Küsten von
→ *Nord-* und → *Ostsee*. Die meisten nehmen nebst Mensch, Hund
und Fahrrad auch Autos mit. Von den → *Gezeiten* sind sie dank
des → *Fahrwassers* in den → *Prielen* auch im → *Wattenmeer* unabhängig, nur bei → *Sturmflut*, extremem Niedrigwasser oder Eis-
gang kann es schwierig werden mit der Überfahrt.

Zu den Ostfriesischen Inseln starten Fähren von Norddeich, Ben-
sersiel, Emden, Harlesiel, Neuharlingersiel und Neßmersiel, zu
den Nordfriesischen Inseln und → *Halligen* von Strucklahnungshörn, Schlüttsiel und Dagebüll. Sogar nach Sylt fährt zusätzlich
zur Personen- und Autozugverbindung über den Hindenburg-
damm eine Fähre, allerdings von der dänischen Insel Römö aus.
Auf die Hochseeinsel Helgoland kommt man von Wilhelmshaven, Bremerhaven, Cuxhaven, Hamburg, Wedel und Büsum.

An der Ostsee sind Kiel, Puttgarden auf Fehmarn, Lübeck-Travemünde, Rostock und Sassnitz auf → *Rügen* die wichtigsten Fährhäfen. Dort starten die richtig großen Pötte nach Skandinavien und ins Baltikum. In den → *Förde*-Häfen Flensburg, Schleswig und Eckernförde verkehren kleinere Fähren, so auch bei → *Missunde* über die Schlei.

An der mecklenburg-vorpommerschen Küste geht es zum Beispiel von Rerik und Wismar zur Insel Poel. Auch verbinden viele kleine Fährlinien die Orte im Nationalpark Vorpommersche Boddenlandschaft (→ *Bodden*), mit Start zum Beispiel in → *Ribnitz-Damgarten* über den Saaler Bodden, in Wolgast über das → *Achterwasser* und in Peenemünde auf Usedom über den Greifswalder Bodden bis nach Gager auf Rügen. Nach Hiddensee kommt man von Schaprode auf Rügen, und vom Festland nach Rügen geht es von Stahlbrode nach Glewitz (wenn etwa mal Stau auf dem Rügendamm von Stralsund nach Altefähr sein sollte).

Fahrwasser Um bei diesem Wort gleich ins richtige Fahrwasser zu gelangen, muss man ziemlich aufpassen. „Durch Seezeichen markierter Weg in einem flachen Gewässer, der den Schiffsverkehr entlang der sichersten oder der tiefsten Route leitet", so definiert es der Duden. Die Seezeichen und die Zweckbestimmung sind das Entscheidende: Alles, was im deutschen Seegebiet lateral (seitlich) mit roten oder grünen Tonnen, im → *Watt* auch mit → *Pricken*, für den durchgehenden Schiffsverkehr gekennzeichnet oder begrenzt ist, gilt rechtlich als „Fahrwasser".

Bei Seeschifffahrtsstraßen ist die Betonnung von See aus gesehen – einlaufend – rechts grün (→ *Steuerbord*), links rot (→ *Backbord*). Auslaufende → *Schiffe* sehen daher Steuerbord rot, Backbord grün. Alles klar?

Längsfahrer, also die dem Fahrwasserverlauf folgenden Schiffe, haben Vorfahrt, und es gilt das Rechtsfahrgebot. Kleine Schiffe, alle Segelfahrzeuge (sogar die „Gorch Fock") und querende Schiffe jeglicher Art dürfen Fahrzeuge, die auf das Fahrwasser angewiesen sind, nicht behindern. Fischende Fahrzeuge haben gar nichts im Fahrwasser zu suchen, egal ob längs oder quer.

Selbstverständlich ist beim Überholen und Begegnen besondere Vorsicht geboten, und ankern darf man im Fahrwasser auch nicht, außer im Notfall (→ *Seenot*).

Unter „Fahrrinne" versteht man den Bereich eines Fahrwassers, für den nach Möglichkeit Wassertiefen und Breiten für größere Schiffe vorgehalten werden. Die Fahrrinne ist nur in Seekarten vermerkt und wird über Richtfeuer (→ *Leuchtturm*) an den Ufern markiert.

Seekrank geworden? Keine Sorge, bald erreichen wir ruhigeres Fahrwasser.

Festmacher Ein Festmacher oder auch Schiffsbefestiger ist derjenige, der an Land dafür sorgt, dass das → *Schiff* sich nicht selbstständig macht, wenn die Mannschaft in der Hafenkneipe sitzt. Eine wichtige Voraussetzung für den Beruf: Ein Festmacher sollte gut fangen können, denn ihm wird von Bord aus eine beschwerte Wurfleine zugeworfen. Über diese Hilfsleine zieht er die eigentliche Festmacherleine zu sich, ein dickes Tau, das bei besonders großen Schiffen auch als „Trosse" bezeichnet wird. Jetzt sind sichere und absolut strapazierfähige → *Knoten* gefragt, mit denen die Leine am → *Poller* befestigt wird. Auch ein Sturm, der gegen den Rumpf und in die → *Takelage* bläst, darf das Schiff nicht von der sicheren Hafenkante losreißen können. Eine schicke Schleife reicht da nicht aus.

Kleiner Tipp: Man sollte Geburtstagsgeschenke besser nicht von einem professionellen Festmacher verpacken lassen. Es könnte sein, dass die oder der Beschenkte sonst nie erfährt, was drin ist.

Fething Nein, Fething ist kein Ort irgendwo an der Küste und auch nichts zu essen oder zu trinken. Ein Fething ist eine Regenwassersammelstelle oder ein Süßwasserteich auf den → *Halligen*, aus dem die Tröge des Viehs befüllt wurden. Die Fethinge verloren allerdings Mitte des 20. Jahrhunderts ihre Bedeutung und stehen zum größten Teil unter Denkmalschutz. Heute versorgen Rohrleitungen vom Festland die Halligen mit Trinkwasser.

Feuerstein

Feuersteine? Da war doch was? Richtig: Wilma und Fred Feuerstein – dieses sympathische Paar, das mit seiner Tochter Pebbles in einer amerikanischen Zeichentrickserie gegen die Widrigkeiten der Steinzeit kämpft. Die sind hier zwar nicht gemeint, aber die Namensgleichheit ist trotzdem nicht zufällig: Die Feuersteine, die bis heute an den Küsten der → *Ostsee* am → *Strand* liegen, haben einige Eigenschaften, die bereits den Menschen in der Steinzeit das Kochen ohne Grillanzünder oder Ceranherd erheblich erleichtert haben. Feuersteine sind dunkelgrau bis schwarz und geben sich auf den ersten Blick durch ihre weiße Kruste zu erkennen. Schlägt man zwei Feuersteine aufeinander, riecht es erst etwas angebrannt, dann sprühen kleine Funken. Kombiniert mit brennbarem Material, sind diese Steine sozusagen die Streichhölzer der Ostseeküste. Doch sie haben noch eine weitere nützliche Eigenschaft, die unseren Vorfahren zugutekam: Splittern die spröden → *Steine*, bilden sich an den Bruchstellen extrem scharfe Kanten, die als steinzeitliche Klingen zum Einsatz kamen.

Der Name ist Programm: Feuersteine dienten in Urzeiten zum Feuermachen. Die extrem scharfen Kanten ihrer Bruchstellen wurden außerdem als Klingen verwendet.

Entstanden sind Feuersteine vermutlich aus kieselsäurehaltigem Schlamm, der über Millionen Jahre zu großen Feuersteingebilden ausgehärtet ist, die während der Eiszeit an die deutschen Ostseeküsten geschoben wurden. Besonders viele und große ‚Ostseeküsten-Streichhölzer' findet man heute an der Mecklenburger → *Bucht* und auf → *Rügen*.

Ähnlich wie beim → *Bernstein* wurden auch bei der Entstehung von Feuersteinen manchmal Pflanzen oder Kleinsttiere in die Steinknollen eingeschlossen. Diese wurden später jedoch herausgespült. Das Ergebnis: „Hühnergötter" – Feuersteine mit Löchern, die man sich nicht nur besonders gut an einem Band um den Hals hängen kann. So ausgestattet soll der Träger auch vor Unheil und bösen Geistern geschützt sein, denn den von der Natur gepiercten Steinen werden magische Kräfte nachgesagt. Was so alt ist, muss doch schließlich besondere Kräfte haben …

Fisch Die → *Kutter* und die ihnen folgenden Schwärme von → *Möwen* beweisen es: Im Meer leben Fische, und so gehören sie natürlich auch in ein Buch über Küstenwissen und nicht nur auf das → *Fischbrötchen*. In → *Nord-* und → *Ostsee* gehen vor allem Dorsch (an der Nordsee „Kabeljau" genannt), Flunder, Hering, Hornhecht, Makrele, Scholle, Seeaal, Seelachs, Seezunge und Sprotte ins Netz oder an die Angel. Sogar in den → *Prielen* des → *Wattenmeers* tummeln sich Scholle, Butt und Flunder, Steinpicker und Seeskorpion, Aal, Hornfisch, Meeräsche und Makrele.

Weil die Bestände durch Umwelteinflüsse, Klimaveränderung und Überfischung gefährdet sind, gibt es Fangquoten und sonstige Beschränkungen. Die Berufsfischerei spielt daher heute an den Küsten und auf den → *Inseln* eine geringe Rolle. In der Nordsee war ihre bedeutendste Periode die des Heringsfangs im 15. und 16. Jahrhundert im Bereich von Helgoland, wo plötzlich große Heringsschwärme auftauchten. Ansonsten betrieben die Küsten- und Inselbewohner zur Deckung des Eigenbedarfs zum Beispiel Rochenfang mithilfe von Pfahlzäunen (siehe auch → *Heringszaun*) oder Schellfischfang per Angel mit Wattwürmern als Köder (→ *Wattwurm & Co.*).

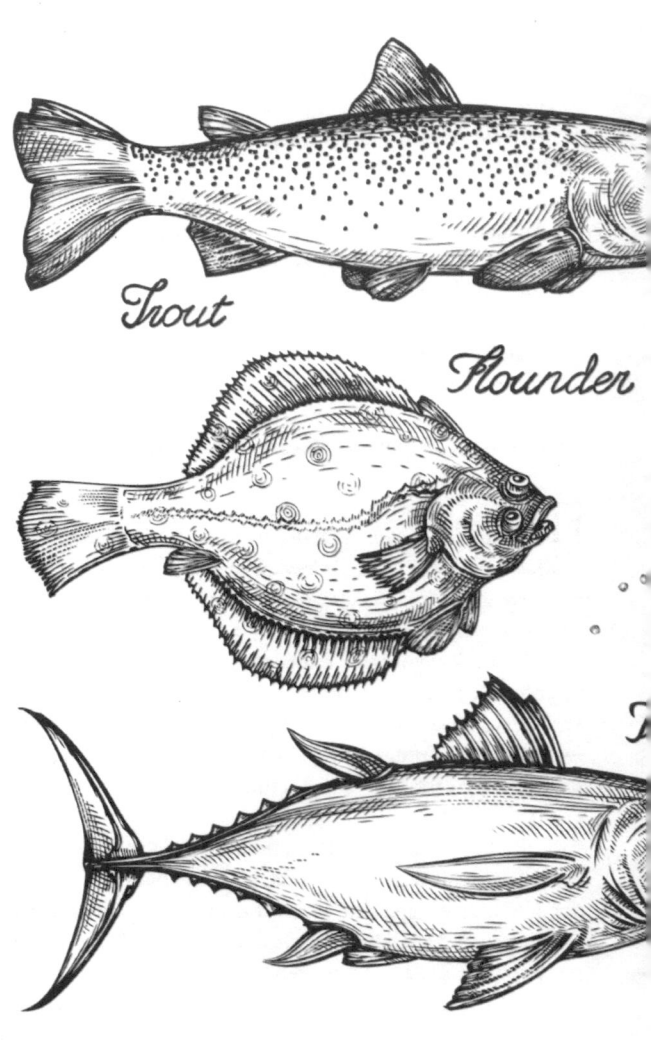

Speisefische: Forelle, Flunder, Tunfisch …

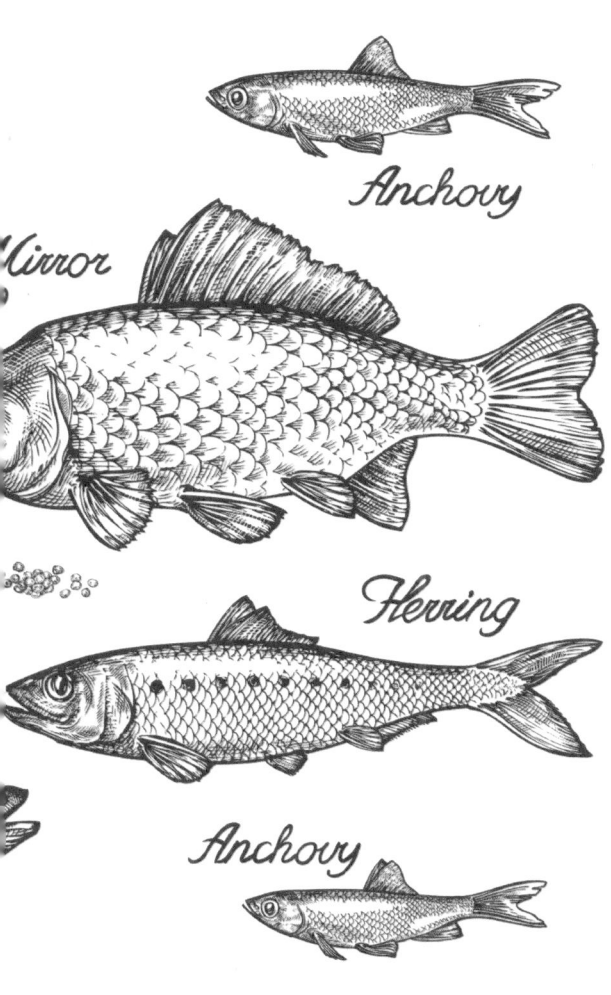

Anchovy

Mirror

Herring

Anchovy

… Sardelle, Spiegelkarpfen, Hering

Fischbrötchen

Zwei Brötchenhälften und dazwischen → *Fisch*, wahlweise geräuchert, eingelegt, gebacken oder püriert und als Frikadelle wieder zusammengesetzt, dazu Remoulade, Butter, Salat, Gurken und so viele Zwiebeln, wie Platz finden – das ist ein Fischbrötchen.

Ein Klassiker, der an keinem Fischbrötchen-Stand fehlen darf, ist das Bismarckbrötchen. Geschichten dazu, wie das Brötchen zu seinem Namen kam, gibt es gleich mehrere: Mal soll der gleichnamige Reichskanzler höchstselbst von dem sauer eingelegten Hering geschwärmt haben, mal soll er aus lauter Begeisterung einem bestimmten Händler seinen Namen für diesen besonders zubereiteten Fisch angeboten haben, ein anderes Mal hat angeblich eine medizinische Behandlung mit jener Leckerei zu seiner Gesundung geführt.

Ob nun mit vom Kanzler empfohlener Füllung oder nicht: Fischbrötchen in allen Varianten sind das Hauptnahrungsmittel echter Küstentouristen und vieler Küstenbewohner. Angeboten wird der leckere und variantenreiche Snack ‚to go‘ meist an kleinen Buden an den Strandpromenaden.

Außerdem zählen Fischbrötchen neben Pommes zu den beliebten Raubbeuten hungriger → *Möwen*, die sich nach einem kurzen, gezielten Touristen‚überfall‘ mit ihrer Mahlzeit ‚to fly‘ gern zum ungestörten Genuss auf einem sicheren → *Dalben* niederlassen, wo sie dann zur Entschädigung der Beraubten ein beliebtes Fotomotiv abgeben.

Tipp: Wer wissen möchte, wo es die besten Fischbrötchen gibt, fragt am besten die Einheimischen – oder kauft sich einen „Fischbrötchenreport“. Denn die kleine küstentypische Zwischenmahlzeit hat es inzwischen sogar zu einem eigenen Reiseführer gebracht.

Fischland-Darß-Zingst

Und wieder sind es die → *Halbinseln*, die uns beschäftigen. Das Fischland liegt an der → *Bodden*-Küste der → *Ostsee* in Mecklenburg Vorpommern und gehört zu den Gemeinden Darß und Zingst. Zusammen bilden sie die Halbinsel mit dem langen Namen „Fischland-Darß-

Zeesboote: Ihre rotbraunen Segel gehören zur Boddenlandschaft wie
der Sand zum Strand. Sie dienten früher der Fischerei.

Zingst". Die Teilregionen waren früher für sich einmal eigenständige → *Inseln*. Im Lauf der Zeit wuchsen sie allerdings zusammen. Entstanden ist ein wahres Urlaubsparadies mit kilometer-
langen → *Stränden* an Bodden- und Ostseeküste.

Beliebtes Ausflugsziel ist die Halbinsel nicht nur für Strandgän-
ger, sondern auch für Radsportler. Die wunderschöne, knapp
30 Kilometer lange Tour führt durch den Nationalpark Vorpommersche Boddenlandschaft. Bilderbuch-Etappen bietet der Weg
durch den Darßwald zum Darßer Ort.

Gute zehn Kilometer länger ist die Zingst-Tour, die in Zingst
beginnt und ebenfalls durch den Nationalpark Vorpommersche
Boddenlandschaft führt. Im Herbst kann man Scharen von Kra-
nichen beobachten. Bevor sie zur Überwinterung in den Süden
ziehen, machen hier in den Monaten September und Oktober
über 70 000 Kraniche Station.

Ebenfalls typisch für die Halbinsel sind Zeesboote, die in regel-
mäßigen Abständen am Horizont auftauchen. Die robusten
→ *Schiffe* mit den typischen rotbraunen Segeln waren ab dem
18. Jahrhundert als Fischerboote auf den Boddengewässern unterwegs. Heute kann man mit ihnen fabelhafte Segeltouren erleben.

Eine weitere Tradition, die auf dem Fischland und dem Darß mit viel Liebe gepflegt wird, ist das Tonnenabschlagen. Ein Volksfest, das im Sommer stattfindet und auch in anderen Orten im Norden von Mecklenburg-Vorpommern sowie in einigen Ecken Dänemarks gefeiert wird. Hauptbestandteil ist ein Wettkampf auf dem Rücken eines Pferdes. Für die Reiter gilt es, auf ein Heringsfass, das in einer Höhe von gut vier Metern angebracht ist, mit einem Holzknüppel so lange einzuschlagen, bis es zerbricht.

www.fischland-darss-zingst.de

Fjord

„Fjord" ist das dänische Wort für → *Förde*. Genau genommen ist jedoch eine Förde kein Fjord und umgekehrt ebenso wenig. Die Geologen wissen warum: Denn während eine Förde von eiszeitlichen Gletschermassen gegraben wurde, die landeinwärts drängten, waren die für Fjorde verantwortlichen Gletscher in die entgegengesetzte Richtung unterwegs: seewärts. Den meisten Nicht-Geologen ist das aber vollkommen egal, denn Fjorde und Förden bringen beide ein bisschen mehr Meer ins Land. Und darauf kommt es schließlich an, wenn man beim Spaziergang die salzige Meeresluft genießen möchte.

Flut

Wenn das Wasser kommt, ist Flut (→ *Gezeiten*). Das Gegenteil ist → *Ebbe*. Hochwasser (auch „Tidehochwasser") ist der höchste Wasserstand. Stehen Mond und Sonne mit der Erde in einer Linie – das ist bei Voll- und Neumond der Fall –, wirkt zusätzlich die Anziehungskraft der Sonne, und es entsteht eine sogenannte Springflut, die höher ist als das normale Hochwasser. Besonders stark ist die Flut, wenn der Wasserstand durch auflandigen Wind (Seewind) verstärkt wird. Bei Sturm oder Orkan kommt es zu einer → *Sturmflut*.

Flutlinie

Die Stelle des Höchststandes der → *Flut* ist am → *Strand* meist deutlich zu erkennen. Die Flutlinie verrät sich durch den „Flutsaum", also das, was die Wellen hinterlassen haben: Meerespflanzen wie → *Tang*, → *Muschel*-Schalen und Schne-

Flutsaum mit Muscheln und Bernstein

ckengehäuse, → *Quallen*, → *Seesterne* und Strandigel, tote Strand-
krabben und andere Krebstiere, Eiballen der Wellhornschnecke,
Eikapseln des Nagelrochens, kalkige Schulpe vom Tintenfisch
oder Entenmuscheln (Rankenfüßler) auf Meerestreibgut – und
manchmal sogar → *Bernstein*. Aber auch die Kadaver von → *Seehunden*, Robben und Walen liegen dann und wann am Ufer,
erwartet von der „Müllabfuhr" des Strandes, den → *Möwen*.

Förde Ist Italien ein Land ,stiefel', der ins Wasser tritt, könnte
man Förden als Wasser ,arme' beschreiben, mit denen das Meer
ins Land hineinlangt. Entstanden sind diese Arme in der Eiszeit:
Ausläufer schwerer Eispanzer gruben sich ins Land hinein und
hinterließen dabei tiefe Täler. Als alles wieder auftaute, nutzten
die Meere diese Täler, um sich noch ein wenig mehr auszubreiten.
An den deutschen Küsten gibt es vier Förden – alle in Schleswig-
Holstein. Die Bezeichnung „Förde" tragen davon nur die Kieler
Förde und die Flensburger Förde im Namen.
Die Kieler Förde ist rund 17 Kilometer lang und östliches Ende des
→ *Nord-Ostsee-Kanals*. Als Wahrzeichen der Kieler Förde gilt der

über 80 Meter hohe Turm des Marine-Ehrenmals Laboe, das laut Architekt Gustav August Munzer eine gen Himmel steigende Flamme symbolisieren soll. Maritimer Gesinnte sehen darin eher ein stilisiertes Segel. Gebaut als Erinnerung an die Angehörigen der Kaiserlichen Marine, die im Ersten Weltkrieg ums Leben kamen, dient es heute als Gedenkstätte für die auf See Gebliebenen aller Nationen. Einmal im Jahr guckt das ‚Flammensegel‘ landeinwärts auf ein riesiges Getümmel: die → *Kieler Woche*, die jährlich im Sommer mehrere Millionen Gäste in die Landeshauptstadt Schleswig-Holsteins pilgern lässt.

Wer auf der Flensburger Förde einen Ausflug plant, sollte seinen Personalausweis oder Reisepass griffbereit dabeihaben. Zwar ist die Förde nach der deutschen Stadt benannt, die an ihrer Spitze liegt und die die meisten Menschen wegen der Punktekartei des dort ansässigen Kraftfahrtbundesamts kennen, doch ehe man sich versieht, ist man von dort aus in Dänemark.

Die Eckernförder Bucht, auch „Eckernförder Meerbusen" genannt, ist ähnlich lang wie die Kieler Förde und an ihrem Übergang zur → *Ostsee* rund zehn Kilometer breit. Am Ende der Eckernförder → *Bucht* liegt das Windebyer → *Noor*, ein Binnensee, der ursprünglich einmal zur Förde gehörte. An der Spitze der Eckernförder Bucht liegt die namensgebende Stadt Eckernförde.

Die schmalste Förde an der deutschen Ostseeküste ist die Schlei. Mit über 40 Kilometern Länge wäre sie zudem die längste Förde, wenn man sie denn als solche anerkennt, aber dazu später. Sie reicht von Schleimünde bis Schleswig. Im Jahr 2008 wurde die Region um die Schlei unter dem Namen „Naturpark Schlei" als nördlichster Naturpark Schleswig-Holsteins anerkannt.

Ob die Schlei nun allerdings überhaupt eine Förde ist, ist umstritten, denn sie ist nicht nachträglich durch eine Eiszunge übertieft worden, so die Erklärung im „Topographischen Atlas Schleswig-Holstein" von 1966. Um die Verwirrung komplett zu machen, wird die Schleiregion als „OstseeFjordSchlei" beworben, und das, obwohl eine Förde rein geologisch gesehen gar kein → *Fjord* ist und die Schlei ja vielleicht nicht einmal eine Förde. Ein ähnlicher Streit entbrannte, als die Flensburger Förde ein neues Tourismus-Label als „Fjord" bekommen sollte. (Es blieb dann bei „Förde", aber die Dänen dürfen selbstverständlich weiterhin „Fjord" sagen.) Ob Förde, Fjord oder nur geschummelt: Zumindest an der Schlei ist das den Touristikern offensichtlich einerlei. Fest steht: Das Gewässer, das an eine Kette von Seen erinnert, die durch einen Fluss verbunden sind, ist auf jeden Fall einen Abstecher wert. Die anderen Förden natürlich auch!

Friesen Um die Friesen weben sich sagenhafte Geschichten. Auch hat man in anderen Teilen der Republik eine ziemlich eingefahrene Meinung und sagt ihnen eine gewisse Wortkargheit und nordische Kühle nach. Ob das nun stimmt, sei jetzt einmal dahingestellt. Doch woher stammen die Friesen eigentlich?

Das Wort selbst kommt aus dem Lateinischen: „Frisiones", die Ururahnen der Friesen, waren ein germanisches Volk an der → *Nordsee*-Küste etwa von der Rheinmündung bis zur Ems und wurden der Gruppe der Nordseegermanen zugerechnet. Erstmals erwähnte man die Friesen im Jahr 12 v. Chr., als der römische Feldherr Drusus Klientenverträge mit ihnen abschloss. Um das Jahr 800 n. Chr. besiedelten die Friesen die heutigen Nordfriesischen → *Inseln* zwischen → *Eiderstedt* und Sylt.

Die Friesen macht vor allem eines so besonders: ihre Sprache. Leider ist sie vom Aussterben bedroht und wird von jungen Menschen nur noch wenig gesprochen. Das Friesisch ist stark geprägt von der maritimen Geschichte Ost- und Nordfrieslands.

Zu einem waschechten → *Uthland*-Friesen gehört ein waschechtes Friesenhaus, das häufig auch als „Kapitänshaus" bezeichnet wird. Seinen unverwechselbaren Charakter bekommt diese Sonderform des Geesthardenhauses durch einen Friesengiebel in der Mitte der Vorderseite. Die beheizbare Wohnstube wird „Dörns" genannt, der am reichsten ausgestattete, nur für besondere Anlässe genutzte Raum des Hauses heißt „Pesel".

Besonders hübsch anzusehen und solide gebaut ist der Friesenwall. Die Trockenmauer aus Feldsteinen ist wahrscheinlich eine der ältesten Einfriedungen hierzulande und besteht mehr oder weniger aus runden Findlingen (→ *Steine*) und aufgeschichtetem Geröll. Friesenwälle entstanden irgendwann einmal in den → *Marsch*-Gebieten Frieslands, da es dort keine Steinbrüche und kaum Holz gab, das sich zu Zäunen verarbeiten ließ. Original-

Friesenhaus mit Baumallee
in Oevenum auf Föhr.

Friesenwälle werden nicht verfugt, sondern die Steine sind lose
aufeinandergestapelt und so ausgerichtet, dass sie stabil genug
sind, allen norddeutschen Wettern zu trotzen. Den Abschluss bildet eine Erdschicht. Mittlerweile findet man Friesenwälle auch
in anderen Regionen Deutschlands. Allerdings erfordert ihr Bau
einiges an Können, Zeit und handwerklichem Geschick, sodass
die Anschaffung nicht ganz billig ist.

In Norddeutschland gehen die Uhren zum Glück langsamer als
im Rest der Welt. So bleibt auch Zeit für eine heiße Tasse Tee,
und was darf da auf keinen Fall fehlen? Natürlich: eine selbstge-
backene Friesentorte. Man nehme einfach Mürbe- und Blätterteig,
Schlagsahne und Pflaumenmus und schichte das Ganze mit System. Wer mag, gibt Nüsse dazu und vielleicht noch einen klitze-
kleinen Schuss Alkohol. Die mit Marzipan versehene Variante ist
im angrenzenden Dänemark unter dem Namen „Gåsebryst"
(wörtlich: „Gänsebrust") bekannt.

Eine neuere Variante des → *Ölzeugs* wird auch launig als Friesennerz
tituliert. Diese Bezeichnung kommt allerdings – im Gegensatz
zu den gelb-blauen Regenwendejacken selbst – langsam etwas
aus der Mode.

Friesenwälle, also Grundstückswälle aus Feldsteinen, sind auf den Nordfriesischen Inseln wie hier in Nebel auf Amrum noch häufig zu sehen.

Nur am Rande erwähnt: Ein typisch friesisches Spiel ist das „Boßeln" (Werfen mit schweren Kugeln). Das „Biikebrennen" (Biike = Bake, Feuerzeichen), also das Anzünden von → *Strand*-Feuern am 21. Februar, dem Vorabend des Petritags, hat sich inzwischen sogar bis an die → *Ostsee*-Küste ausgebreitet und zählt wie die → *Ostfriesische Teekultur* zum immateriellen Kulturerbe in Deutschland.

Frostköttel
Ein Frostköttel ist nicht – wie der Begriff zunächst nahelegt – die winterliche Tiefkühlvariante von tierischen Hinterlassenschaften, etwa von Hasenkötteln. Als „Frostköttel" werden im Norden gemeinhin Menschen bezeichnet, die angesichts des norddeutschen → *Schietwetters* und als Folge von → *Krabbelkälte* schnell frieren.

Tipp: Den besten Schutz, um nicht zum Frostköttel zu werden, bietet eine küstengerechte Ausstattung mit → *Ölzeug* und dickem Wollpullover. Wenn auch das nichts hilft, bringen eine → *Tote Tante* oder ein → *Pharisäer* die Durchblutung wieder in Schwung.

Geest

Sieht man sich die Definition des niederdeutschen Wortes „Geest" genauer an, dann findet man Bezeichnungen wie „trocken", „klaffend", „rissig" und „unfruchtbar". Tatsächlich ist die Geest ein spezieller Landschaftstyp im nordwestlichen Küstengebiet sowie in Schleswig-Holstein und West-Jütland. Die Geest liegt höher als die fruchtbare → *Marsch*. Viel wächst nicht auf ihr, denn sie besteht zum großen Teil aus Sand. Schon seit Jahrhunderten versucht man, die Geest durch den Einsatz von Düngemitteln zu verbessern. Doch bis jetzt wachsen dort hauptsächlich nur Sträucher und Heiden.

Gezeiten

Nichts verwirrt unwissende → *Nordsee*-Urlauber so sehr wie ein Meer, das nicht da ist, wo es sein sollte. Im Bikini bereit für den Sprung in die Wellen, bleiben sie stattdessen mit den Badeschlappen im → *Watt* stecken: Schlick, so weit das Auge reicht. Schuld sind die Gezeiten des Meeres, auch „Tide" genannt. Bei → *Flut* steigt das Wasser, bis es nach gut sechs Stunden mit Hochwasser den höchsten Stand erreicht hat und der Bikini nicht mehr nur beim Sonnenbaden zum Einsatz kommen kann. Bei → *Ebbe* sinkt der Wasserstand wieder gut sechs Stunden lang bis zum Niedrigwasser, und das kann an der Nordsee schon einmal gleichbedeutend sein mit: Wasser ganz weit weg. Den mittleren Stand zwischen Hoch- und Niedrigwasser nennt man „Normalnull" (NN), den Höhenunterschied zwischen Hochwasser und Niedrigwasser „Tidenhub". Er beträgt an der Nordsee zwischen zwei und dreieinhalb Meter.

Für Ebbe und Flut verantwortlich sind die Anziehungskraft des Mondes und die Fliehkraft der Erde. Ebbe und Flut gibt es daher nicht nur an der Nordsee. Da die Nordsee jedoch zwischen Norwegen und Großbritannien eine breite Verbindung zum großen Bruder Atlantik hat, schwappt es hier noch deutlich sichtbar hin und zurück. Die → *Ostsee* ist im Vergleich zu Nordsee und Atlantik eher ein großer See mit nur schmalen Verbindungen in die Nordsee. Da wirken sich Ebbe und Flut kaum noch aus.

Wer auch an der Nordsee wissen will, wann Baden statt Schlickrutschen angesagt ist, sollte einen Blick auf den Gezeitenkalender

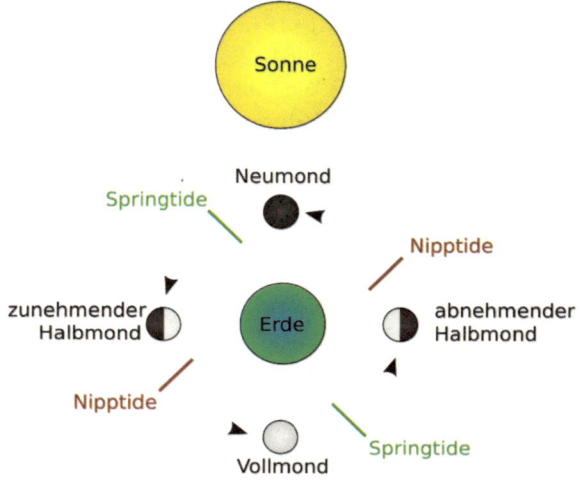

Wenn Sonne, Mond und Erde in einer Linie stehen, verstärken sich ihre Anziehungskräfte. Bei Neu- und Vollmond ist daher die Flut höher, die Ebbe niedriger ("Springtide"). Im ersten und letzten Mondviertel ist "Nipptide".

für die jeweilige Region werfen – zum Beispiel auf den Seiten des Bundesamtes für Seeschifffahrt und Hydrographie (BSH).

www.bsh.de (Sport und Freizeit/Gezeiten)

Glasen

Spätestens seit Käpt'n Blaubär und Hein Blöd wissen selbst die Bayern, was es heißt, wenn es "fünf Glasen geschlagen hat". Glasen ist eine Zeitangabe, die durch das Schlagen der Schiffsglocke angezeigt wird. Jeder Einzelschlag bezeichnet eine halbe, jeder Doppelschlag eine ganze Stunde. Das Glasen stammt aus der Zeit, als die Stunden mit einer Sanduhr beziehungsweise einem Stundenglas gemessen wurden, das entsprechend der Laufzeit jede halbe Stunde umgedreht werden musste. Traditionell ertönt heute noch bei Beerdigungen von verstorbenen Seeleuten acht Glasen – das Zeichen für den Wachwechsel nach vier Stunden.

Zum „Glasen"– jede halbe Stunde ein Schlag – wurden auf Schiffen neben Trillerpfeifen und Uhren vor allem Schiffsglocken eingesetzt.

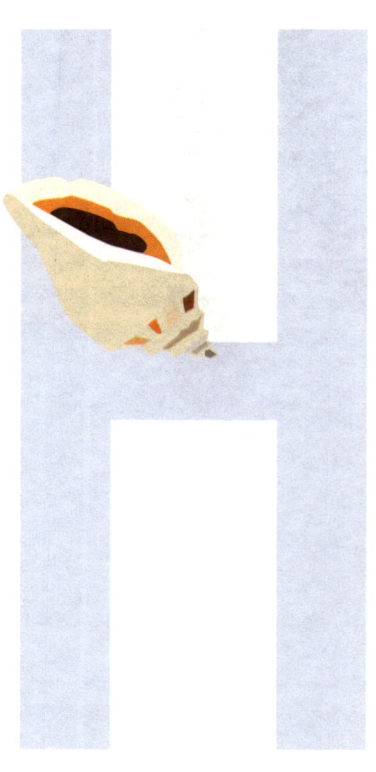

Haff

Ein Haff ist ein Stück Meer, das nicht mehr richtig zum Meer gehört, weil eine → *Nehrung* oder → *Inseln* ihm den Weg versperren. Das Haff zählt zu daher zu den inneren → *Küstengewässern*. Das Wasser im Haff ist nicht Salz- und nicht Süßwasser, mit seinem geringen Salzgehalt zählt es zu den Brackwassern. Eine Ausnahme macht das → *Salzhaff*. In der deutschen → *Ostsee* trägt sonst noch das Stettiner Haff die Bezeichnung im Namen. Es liegt im Mündungsbereich der Oder, schmiegt sich an die Insel Usedom und mündet in die → *Achterwasser*. Das Stettiner Haff ist das zweitgrößte Haff der Ostsee. Größer ist nur das Kurische Haff in Litauen. Allerdings liegt auch das Stettiner Haff nicht ganz in Deutschland: Ein größerer Teil, der Einfachheit halber auch als „Großes Haff" bezeichnet, liegt in Polen. Für die deutsche Seite bleibt das Kleine Haff mit immerhin noch über 270 Quadratkilometern Fläche. Der Begriff „Haff" wird auch als Synonym für → *Bodden* und → *Noor* genutzt.

Halbinsel

Dass zum Beispiel Holnis in der Nähe von Flensburg oder das dänische Römö Halbinseln sind, leuchtet einem beim Blick auf die Karte ja noch ein. Aber wer sich mit dem Thema genauer beschäftigt, stellt fest, dass auch ganz Europa eine Art westliche Halbinsel bildet und zwar von Eurasien her gesehen. Wir sind also alle Halbinsel-Bewohner.
Meist waren Halbinseln mal richtige → *Inseln*, die durch Anschwemmungen heute mit dem Festland verwachsen sind. Bei Halbinseln gibt es zwei verschiedene Arten: zum einen die Halbinsel, so wie eben beschrieben, zum anderen die Binnenhalbinsel. Als solche bezeichnet man Halbinseln, die in einem See beziehungsweise in einem Binnengewässer liegen.
Eine Halbinsel ist nicht an eine bestimmte Form und Größe gebunden, um als Halbinsel zu gelten. Sie kann Millionen Quadratkilometer haben, aber auch so klein sein, dass sie nicht bewohnbar ist. Bei sehr kleinen Halbinseln zieht sich die Landmasse meistens mehr in die Länge als in die Breite. Auch auf Inseln lassen sich Halbinseln finden, so wie sogar Halbinseln eigene Halbinseln haben können.

Unter dem hohen Himmel liegen die Halligen Oland und Langeneß am Horizont. Nur die Warften, die künstlichen Siedlungshügel, ragen hervor.

Hallig Gröde, Hooge, Langeneß, Oland, Nordstrandisch-
moor, Hamburger Hallig, Süderoog, Südfall, Norderoog, Habel –
so heißen die zehn deutschen Halligen, die sich im Nationalpark
Schleswig-Holsteinisches Wattenmeer (→ *Watt*) rund um die
→ *Insel* Pellworm gruppiert haben. Bis auf Nordstrandischmoor
und die Hamburger Hallig sind diese weltweit einzigartigen
Mini-Inseln durch Sandtransporte entstanden: Über Jahrhunderte hinweg hat das Meer, angetrieben durch → *Ebbe* und
→ *Flut*, immer wieder Land an einer Stelle mitgenommen und
an einer anderen Stelle wieder abgelegt, wo daraus unter anderem
die heutigen Halligen wuchsen.

Als Ursprung aller Halligen wird bisweilen auch die „Erste Mandränke", eine verheerende → *Sturmflut* Anfang 1362, gesehen. Die

Wassermassen rissen die → *Uthlande* auseinander und machten die Siedlung → *Rungholt* zu einer versunkenen Stadt. Nordstrandischmoor und die Hamburger Hallig hingegen sind – neben der Insel Pellworm selbst und der → *Halbinsel* Nordstrand – Reste der Insel Strand, die 1634 bei einer weiteren großen Sturmflut (auch „Zweite Mandränke" genannt) zerbrach.

Typisch für die Halligen sind die → *Salzwiesen*, eine Art Übergangsbereich zwischen Meer und Land. Da man bei „Land unter" auf einer Hallig schnell nasse Füße bekommt, haben die Halligbewohner ihre Häuser zusätzlich auf künstliche Hügel gebaut. Bei Hochwasser thronen sie auf ihren → *Warften* über dem Meer. Das Leben auf einer Hallig ist aber auch in anderer Hinsicht besonders: Alles ist rar. Als Baumaterial nutzten Halligbewohner daher häufig Strandgut – Material, das das Meer anschwemmte. Anstelle von Holz wurden getrockneter → *Schaf*-Kot und Kuhfladen in die Öfen gesteckt. Auch Süßwasser war Mangelware (→ *Fething*). Regnete es nicht genug, musste Frischwasser vom

Land auf die Halligen gebracht werden. Ihren Unterhalt verdienten die Halligbewohner lange Zeit als Seefahrer oder Walfänger. Heute leben die meisten der rund 200 Bewohner vom Tourismus. Ansonsten unbedeicht (→ *Deiche*), sind einige Halligen inzwischen von einem → *Sommerdeich* umgeben.

www.halligen.de

Hanse(stadt) Hamburg, Lübeck und Bremen sind

„Hansestädte". Aber was genau ist eigentlich die Hanse? Um das zu erklären, muss man in der Geschichte ein ganzes Stück zurückblättern. Ursprünglich war eine Hanse ein genossenschaftlicher Zusammenschluss von Männern. Das konnten beispielsweise Kaufmannsgilden oder ganz früher Kriegsscharen gewesen sein. Man tat sich zusammen, um ein bestimmtes Ziel zu verfolgen, machte aber dennoch getrennte Geschäfte. Das Wort „Hansa" als Bezeichnung für einen Fernhandelsverband kam das erste Mal um 1266 auf. Die Kaufmannsvereinigung selbst hat ihre Wurzeln aber schon im 12. Jahrhundert. Die Organisation der Hanse war recht locker. Es gab keine offiziellen Mitgliederlisten, keine Verfassung und eben auch keine gemeinsamen Finanzen. Obwohl die Hanse wirtschaftlich ausgerichtet war, wurde sie im Spätmittelalter zu einem wichtigen politischen und kulturellen Faktor

Sondermarke der Deutschen Bundespost (1977) mit der „Bremer Kogge". Das Wrack aus der Zeit um 1380 wurde 1962 in der Weser gefunden.

im Norden Europas. Mit ihren leistungsstarken → *Schiffen*, den Koggen, bereisten die Hansekaufleute den ganzen → *Nord-* und → *Ostsee*-Raum. Über die Historie informiert das Hansemuseum in Lübeck, der einstigen Hauptstadt der Hanse. Im Deutschen Schifffahrtsmuseum in Bremerhaven ist die 1962 in der Weser gefundene „Bremer Kogge" aus der Zeit um 1380 zu sehen.

Als „Hanseaten" betitelte man seit der Mitte des 17. Jahrhunderts die Oberschicht der Hansestädte Hamburg, Lübeck und Bremen, die sich als Rechtsnachfolger der historischen Hanse zur „Hanseatischen Gemeinschaft" zusammengeschlossen hatten. Heute sieht man das mit der Oberschicht nicht mehr so eng, und so wurden irgendwann aus allen Hamburgern, Bremern und Lübeckern „Hanseaten", unabhängig von Beruf und sozialem Status. In Wiederbelebung alter Traditionen führen seit 1990 auch Wismar, Rostock, Stralsund und Greifswald sowie 18 weitere Städte von Mecklenburg-Vorpommern über Sachsen-Anhalt bis Nordrhein-Westfalen offiziell den Namen „Hansestadt".

www.hansemuseum.de, www.dsm.museum

Heringszaun In jedem guten Reiseführer für Norddeutschland taucht er auf: der Heringszaun in der Schleistadt Kappeln. Er ist der letzte seiner Art, der noch funktionstüchtig ist. Um ihn stricken sich nicht nur einige imposante Geschichten, sondern auch jedes Jahr ein mehrtägiges Fest. Aussteller mit allerlei Waren, Schausteller und Imbissbuden reihen sich dann entlang der Hafenpier (→ *Pier*) aneinander. Auch werden alle Jahre wieder mit viel Tamtam eine neue Heringskönigin und ein neuer Heringskönig gekrönt.

Der Heringszaun in Kappeln gehört zur Gattung der Fischzäune und sorgte einst für den passiven Fischfang (→ *Fisch*). Die Angelrute konnten die Fischer so zur Seite legen und mussten einfach nur warten, bis sich ein Fischschwarm im engen Geflecht verfing. So ließen sich recht gute Erträge ohne allzu großen Aufwand erwirtschaften. Sehr zeit- und kostenintensiv war und ist allerdings der Erhalt eines Fischzauns. Daher gehörte der Fischzaun eher dem Adel, der Kirche und den Landesherren als den Fischern selbst. Gebaut wurde er als Flechtwandzaun oder seltener als

Der Heringszaun vor Kappeln an der Schlei wurde früher zum Fischfang genutzt und ist der letzte seiner Art in Europa.

Fischmauer. Seit dem 18. Jahrhundert nahm die Anzahl der Heringszäune in der Schlei massiv ab, sie wurden von den neuen Fangmethoden, wie der Netzfischerei und Großreusen, verdrängt.

Hohe Düne Wenn Wind eine Menge Sand wegweht
und irgendwo als Haufen wieder fallen lässt, nennt man das Ergebnis eine → *Düne.* Für gewöhnlich verbindet man mit Dünen eher äußerst trockene Gebiete, in denen Wasser höchstens als Fata Morgana vorhanden ist. An der Hohen Düne hingegen gibt es Wasser, so weit das Auge reicht: echtes → *Ostsee*-Wasser. Sandig ist es in Hohe Düne allerdings auch, sogar besonders feinsandig. Denn Hohe Düne ist ein → *Seebad* der → *Hansestadt* Rostock, das wegen seines größtenteils textilfreien → *Strandes* unter anderem bei den Verfechtern der Freikörperkultur (FKK) beliebt ist. In Segelfliegerkreisen ist das Ostseebad Hohe Düne unter anderem als Austragungsort des 2. Deutschen Segelflugwettbewerbs im Jahr 1926 bekannt. Verwunderlich war die Ortswahl nicht, hatte doch der Flugzeugbauer Ernst Heinkel Hohe Düne in den 1920er-Jahren als Standort für seine Flugzeugproduktion ent-

deckt. Hohe Düne hatte einen Flugplatz, eine Ausbildungsstätte für Seeflugzeugführer und -beobachter und später eine Flugzeugführerschule. Nach dem Krieg kam das Aus für die Fliegerei: Die Anlagen auf dem Flugplatz wurden zerstört oder abgebaut.

Auf dem Gelände des ehemaligen Flugplatzes fand dann 1954 mit der Siedlung der Arbeiterwohnungsbaugenossenschaft (AWG) der Warnowwerft eine der ersten AWG-Siedlungen der DDR einen Platz. Seit 2005 lockt der Yachthafen Hohe Düne mit seinen 750 Liegeplätzen Segler und Yachtkapitäne nach Hohe Düne. Zusammen mit der Hotelanlage sollte der Yachthafen das Internationale Olympische Komitee davon überzeugen, die Olympischen Spiele 2012 nach Leipzig zu holen, kam aber nicht in die engere Auswahl. Das Rennen machte am Ende London. Egal, auch für die Bewerber gilt schließlich: Dabei sein ist alles!

www.yachthafen-hohe-duene.de

Huk

Die Huk ist ein bis zu zehn Meter hohes → *Kliff* an der Habernisser Küste, einem Stück der Flensburger → *Förde*. Die Bezeichnung „Huk" kommt von dem friesischen Wort „Hoeck" und heißt übersetzt „Winkel" oder „Ecke". Gemeint ist wohl der Vorsprung, den das Kliff an der Küste bildet. Wer den Wasserweg zur Huk nehmen möchte, sollte allerdings Seekarten lesen können: Nicht nur das Habernisser Riff, auch einige große → *Steine*, die Jahr um Jahr von der Steilküste (→ *Küstenformen*) abbröckeln und sich in die Fluten der → *Ostsee* stürzen, können einem Schiffsrumpf ordentlich zusetzen.

Neben den Hukern verschlägt es immer wieder auch Touristen an die Habernisser Küste – besonders Angler, da sich dort jede Menge Dorsche, Flundern, Hornhechte und Meerforellen tummeln. Auch für alle, die die → *Fische* lieber im Wasser lassen, statt sie in die Pfanne zu hauen, lohnt sich ein Ausflug zur Huk, besonders in aller Frühe: Der Sonnenaufgang soll hier besonders schön sein – vorausgesetzt, der romantische Moment wird nicht durch tieffliegende Angelschnüre gestört.

Da „Huk" außerdem eine allgemeine Bezeichnung für eine Ecke oder einen Vorsprung in topografischem Sinn ist, werden auch → *Odden* bisweilen so bezeichnet.

Insel

Schon das Wort lässt uns träumen und in Erinnerungen an den letzten Sommerurlaub schwelgen. Bilder von langen weißen → *Stränden* tauchen vor unserem inneren Auge auf, und wir können die salzige Luft und die Gischt fast schon riechen. Doch weit weniger romantisch ist die Definition: Eine Insel ist ein vollständig von Wasser umgebenes Landstück. Und übersetzt man „Insel" ins Lateinische, heißt es „Insula", was so viel bedeutet wie „Die im Meer Gelegene". Kleinere Inseln werden auch „Eiland" (im pommerschen Niederdeutsch „Oie") genannt. Die aus → *Marsch*-Land aufgebauten kleinen Inseln der deutschen → *Nordsee*-Küste nennt man → *Halligen* Die Felsbuckelinseln der skandinavischen Küsten heißen „Schären".

Die größte deutsche Insel ist → *Rügen* an der → *Ostsee*-Küste. Auf den Plätzen zwei und drei liegen ebenfalls zwei Ostseeinseln, nämlich Usedom und Fehmarn. Weitere Ostseeinseln sind zum Beispiel (von „etwas größer" bis „winzig klein"): Poel, Ummanz und Hiddensee, die Greifswalder Oie und → *Warder*. Die größte deutsche Nordseeinsel ist die Nordfriesische Insel Sylt. Deutschland kann mit Fug und Recht stolz sein auf sieben Ostfriesische (von West nach Ost: Borkum, Juist, Norderney, Baltrum, Langeoog, Spiekeroog, Wangerooge) und fünf Nordfriesische Inseln (von Nord nach Süd: Sylt, Föhr, Amrum, Pellworm und Nordstrand, letztere allerdings seit 1987 eine → *Halbinsel*). Dazu kommen zehn Halligen. Zu den Inseln im → *Wattenmeer* gehören auch die Hamburger Inseln Neuwerk, Scharhörn und Nigehörn, die während der → *Ebbe* sogar zu Fuß besucht werden können. Die einzige deutsche Hochseeinsel ist Helgoland.

Der entscheidende Unterschied zwischen Nordsee- und Ostseeinsel sind die → *Gezeiten*. An der Nordseeküste beherrschen sie das Meer. Da kann es dann schon sein, dass bei Ebbe kein Meer mehr da ist, wo es eben noch war. Aber das ist noch lange kein Grund, enttäuscht zu sein, denn das, was man dann zu sehen bekommt, ist fast genauso schön. Das Watt mit seinen Wasserläufen (→ *Prielen*) sieht nicht nur fabelhaft aus, sondern ist in seiner Form auch einmalig. Außerdem kann man bei Ebbe von einer Insel zur anderen laufen, man sollte allerdings für die Heimkehr sicherheitshalber nicht die Zeit für die nächste → *Flut* vergessen.

Jadebusen

Der Jadebusen ist die Region an der niedersächsischen → *Nordsee*-Küste, an der → *Strand*-Besucher statt auf das erwartete Meerwasser häufig auf → *Watt* treffen. Als Entschädigung können sie sich dafür ganzjährig an einen Busen legen, der zwar selbst aus der Vogelperspektive nicht wirklich wie ein Busen aussieht, sondern nur wie ein unförmiges Etwas, aber immerhin verspricht der Name eine gewisse naturnahe Gemütlichkeit. Der Begriff wird in Bezug auf Meere ohnehin ganz allgemein nur als Synonym für „Ausbuchtung" genutzt. Aber mal ehrlich: „Jadeausbuchtung" hört sich nicht einmal annähernd so gemütlich an. Auch „Jadebucht" könnte mit „Jadebusen" nicht mithalten, wenn es auch inhaltlich auf dasselbe herauskäme (→ *Bucht*).

An der engsten Stelle des rund 190 Quadratkilometer großen Jadebusens liegen sich Wilhelmshaven und die → *Halbinsel* Butjadingen gegenüber (→ *Butjatha*). Ihren Namen hat die Meeresbucht jedoch der Jade zu verdanken. Der als eigenständiger Fluss erkennbare Teil ist gerade einmal 22 Kilometer lang und mündet am südlichsten Rand in den Jadebusen. Etwas weiter westlich liegt mit → *Dangast* das südlichste Nordseebad (→ *Seebad*).

Der Jadebusen auf einem Satellitenbild. Rechts die Weser und ihre Mündung in die Nordsee.

Kabbelsee

Wer gern segeln geht oder überhaupt gern auf dem Wasser ist, der kennt die Kabbelsee mit Sicherheit. Kabbelig ist die See nämlich dann, wenn leichter Wellengang herrscht. Laut Otto Mensings „Schleswig-Holsteinischem Wörterbuch" heißt es „Das Meer wirft kleine Wellen". Seine Wurzeln hat das Verb im mittelniederdeutschen „kabbelen". Übrigens werden auch Menschen, die sich gern mal streiten, als „kabbelig" bezeichnet.

Kenknern

„Fröölek nei juar" (friesisch für „Frohes neues Jahr!") wünscht man sich auf der Nordfriesischen → *Insel* Föhr in der Silvesternacht. Fester Bestandteil des friesischen Brauchtums ist in dieser Nacht zudem das Kenknern. Das ist jetzt nicht etwa der friesische Ausdruck für Böllerei – nein, die → *Friesen* sind da durchaus etwas einfallsreicher. Sie verkleiden sich, ziehen von Haus zu Haus und singen den Bewohnern selbstgetextete Lieder vor. Geböllert wird auf Föhr zwar auch, aufgrund der Brandschutzbestimmungen auf der Insel mit den vielen Reetdachhäusern jedoch nur in ausgewiesenen Bereichen.

Mit viel Lärm und der Hoffnung auf Leckereien wird auch auf Amrum das alte Jahr verabschiedet. Auf der Insel westlich von Föhr heißt die Tradition „Hulken", und wer das neue Jahr auf dem schleswig-holsteinischen Festland feiert, sollte auf die „Rummelpottläufer" vorbereitet sein. Auch hier sind kreative Kostüme und liedfeste Stimmen gefragt. Zusätzlich machen die umherziehenden Gruppen ordentlich Lärm mit ihren Rummelpötten – Töpfen oder anderen Gefäßen, auf denen sie im besten Fall den Takt des Liedes mitschlagen. Hauptsache ist aber, es rummelt ordentlich, was hochdeutsch so viel heißt wie „rumpeln". Als ,Dank' für die abendliche Ruhestörung am letzten Tag des Jahres heimsen die kleinen verkleideten Sängerinnen und Sänger an den Haustüren allerlei Süßigkeiten ein. Alle, die den Stimmbruch schon länger hinter sich haben, hoffen meist eher auf Hochprozentiges.

Kieler Woche

Kaum ein Schleswig-Holsteiner, der sich das Veranstaltungsdatum der Kieler Woche nicht rot im Kalender anstreicht. „Mittendrin statt nur dabei" ist das Motto des Riesenevents an der Kieler Hörn (die Hafenspitze der Landeshauptstadt). Bekannte Rock- und Popstars geben sich auf den Bühnen das Mikro in die Hand. Kulinarisch lässt die Kieler Woche ebenfalls kaum Wünsche offen. Bummeln und flanieren, Spiel und Spaß, Party und feiern – das ist die Kieler Woche. Im Mittelpunkt stehen zahlreiche spannende Segelregatten auf der Kieler → *Förde*. Unter den Teilnehmern befinden sich die besten Segler der Welt. Start ist im Olympiazentrum Schilksee. Weit über 5000 Teilnehmer aus über 50 Nationen sind jedes Mal wieder mit von der Partie. Eine Woche nach der Eröffnung findet die große Windjammer-Parade (→ *Schiff*) statt, bevor das Fest am darauffolgenden Sonntag mit einem Feuerwerk über der Innenstadt zu Ende geht.

Seit 1882 wird die Kieler Woche jährlich veranstaltet. Erstmals starteten 20 Yachten am 23. Juli 1882 vor Düsternbrook zu einer Regatta. Aus ihr entwickelte sich das größte Seglertreffen der

Die große Windjammer-Parade bildet den Höhepunkt und den Abschluss der Kieler Woche.

Welt. Schon Kaiser Wilhelm II. war einst zu Gast in Kiel. Heute eröffnen üblicherweise der Bundespräsident oder der schleswig-holsteinische Ministerpräsident am vorletzten Juni-Sonnabend eines Jahres das maritime Großereignis.

Für den Merkzettel: Aus alter Tradition regnet es jedes Jahr auf der Kieler Woche, und das gern auch mal in Strömen. Also gehören Regenschirm, Friesennerz (→ *Friesen, Ölzeug*) und Gummistiefel unbedingt zur Grundausstattung eines jeden Besuchers.

www.kieler-woche.de

Kliff Ein Kliff ist die steile Kante, die an Kliffküsten (→ *Küstenformen*) für Schwindel oder einen steifen Nacken sorgt – je nachdem, von wo man sie betrachtet. Sie entsteht, wenn das Meer so lange an der Küste geknabbert hat, dass erst eine Höhle mit einem Überstand entsteht und dann der Überstand mangels stützender Substanz abbröckelt. Was bleibt, ist eine steile Kante, also ein Kliff. Man findet sie an der → *Nordsee*-Küste auf Sylt (Rotes Kliff, Morsum-Kliff), besonders zahlreich jedoch an der gesamten → *Ostsee*-Küste, zum Beispiel auf den → *Inseln* Fehmarn (Katha-

Die Steilküste „Hohes Ufer" zwischen Wustrow und Ahrenshoop befindet sich auf der Halbinsel Fischland-Darß-Zingst.

rinenhof), Poel, Hiddensee (Dornbusch), → *Rügen* (Kap Arkona und → *Königsstuhl*, → *Kreideküste auf Rügen*) und Usedom (Streckelsberg), an der Flensburger → *Förde* und der Schlei (Holnis-Kliff, → *Huk* bei Habernis, Schönhagener Kliff), an der Eckernförder und der Kieler → *Bucht* (Schwedeneck auf dem Dänischen Wohld, Stein, Hohwacht), am Brodtener Ufer bei Travemünde, an der mecklenburgischen Küste von Boltenhagen (Klütz Höved) über Rerik, Kühlungsborn, Heiligendamm, Nienhagen und Warnemünde (Stoltera) bis zum Hohen Ufer bei Ahrenshoop und dem Weststrand auf dem Darß (→ *Fischland-Darß-Zingst*).

Klöndör
Die Norddeutschen klönen gern, denn sie sind entgegen allgemein vorherrschender Meinung ein recht redseliges Volk. Und damit der Klönschnack eben so von Tür zu Tür geht, wurde die Klöndör eingerichtet. Im Plattdeutschen nennt man das gute Gespräch nämlich „Klön", und die Tür heißt „Dör". Diese besondere Tür besteht aus zwei getrennten Flügeln. Warum die Tür mit zwei Teilen gebaut wurde? Der Grund liegt vermutlich darin, dass anno dazumal auf dem Lande oft Mensch und Tier unter einem Dach lebten. Das Kleinvieh durfte auch einfach frei in Hof und Garten rumlaufen. Aber in Wohnstube und Küche wollte man das Getier nicht unbedingt haben. Also musste man die Haustür schließen. Da der Stall aber direkt an den Wohnbereich angegliedert war, brauchten die Bewohner immer mal wieder frische Luft, und Licht wollte man auch hereinlassen. Ein schlauer Kopf hatte dann die zündende Idee: Die Tür wurde unten geschlossen, sodass Huhn und Katze nicht hereinspazieren konnten, aber die obere Hälfte blieb geöffnet, sodass die gute norddeutsche Luft den Stallgeruch vertrieb. Außerdem blieb öfter die Gelegenheit für einen kurzen Schnack mit dem Nachbarn.
Ein nettes Nebenprodukt der Klöndör war (und ist immer noch), dass die Hausbewohner die Arme auf den unteren Flügel aufstützen können und so alles bequem im Blick haben.
Heute findet die Klöndör immer noch Verwendung. Vor allem im ländlichen Bereich, wo Tiere draußen und die kleinen Kinder drin bleiben sollen. Außerdem ist die Klöndör auch ein echter Hingucker am Haus.

Gehört einfach zum Teegenuss dazu:
Kandis, auch Kluntje genannt.

Kluntje

Kluntje ist weißer Kandiszucker in großen Kristallen und fester Bestandteil der → *Ostfriesischen Teekultur.* Kluntje ist das Reinprodukt, das bei der Herstellung von Kandiszuckern entsteht. Konzentrierte Zuckerlösung wird dazu über mehrere Tage in Kristallisierungsbehältern in Bewegung gehalten, bis sich am Rand erste Kristalle absetzen, die dann immer weiter ‚wachsen'. Bei braunem Kandis wird eine karamellisierte Zuckerlösung verwendet.

Übrigens: Wer seinen Tee derart versüßen möchte, sollte auf die Reihenfolge achten. Ostfriesen versenken den Kluntje niemals in den bereits eingegossenen Tee. Wer diesen Frevel begeht, gibt sich nicht nur eindeutig als Unkundiger zu erkennen, sondern bringt sich auch um ein besonderes Geräuscherlebnis: Legt man den Kluntje auf den Tassenboden und gießt dann langsam den heißen Tee darüber, belohnen die süßen Kristalle den Teefreund beim Zerspringen mit einem wohligen Knacken.

Der Kniepsand vor Amrum beeindruckt nicht nur mit seiner enormen Größe, sondern auch mit seiner eindrucksvollen Dünenlandschaft.

Kniepsand

Der Kniepsand ist eine zwar sehr langsame, aber äußerst wanderfreudige Sandfläche, die ihrem Bewegungsdrang an der Westküste der Nordfriesischen → *Insel* Amrum nachkommt. Im 16. Jahrhundert erstmals erwähnt, lag die → *Sandbank* noch im rechten Winkel zur Insel. Doch die Amrumer → *Dünen* scheinen es der Sandbank angetan zu haben: Immer näher ist sie an die Insel herangerückt. Passte noch in den 1960er-Jahren ein → *Priel* zwischen Kniepsand und Insel, schmiegt sich der rund 15 Kilometer lange und über ein Kilometer breite Sandstreifen heute eng an die Küste – eine willkommene → *Strand*-Erweiterung für alle Amrumer und Touristen. Vom Kniepsand aus, der genau genommen also nicht zur Insel gehört, hat man einen schönen flachen Einstieg in die → *Nordsee*.

Selbst wenn der Kniepsand sich in den kommenden Jahrzehnten und Jahrhunderten entschließen sollte, weiter um Amrum herumzuwandern, lässt er auf jeden Fall etwas von sich zurück: Ein Teil des Sandes wird vom Wind immer wieder in die Dünen getragen. Der viele feine Sand hat auch den Autor des „Topographischen Atlasses Schleswig-Holstein" von 1966 beeindruckt. Angesichts der „riesigen, [im Sommer] die Augen blendenden Sandfläche des Kniepsandes" fühlte der sich, an der Nordsee stehend, sogar zeitweise in eine Wüste versetzt. „Kniepen" ist übrigens Plattdeutsch und heißt „kneifen". Ganz klar: Der verliebte Wandersand wollte seiner angebeteten Insel so nah kommen, dass er sie kneifen könnte. Ob's stimmt? Zumindest lässt es sich so gut merken.

Knoten Wir binden unsere Schnürsenkel mit einem Knoten und machen lose Dinge damit fest. Aber in der Seemannssprache bezeichnet ein Knoten auch die Geschwindigkeit. Doch

wie war das gleich noch? Wie rechnet man Knoten in Kilometer pro Stunde um? Gehört hat man das schon einmal, aber merken kann man es sich nur schwer. Dann noch einmal aufgepasst! Ein Knoten entspricht einer Stunden-Seemeile, also 1852,01 Meter pro Stunde, was 1,852 Stundenkilometern und 0,5144 Sekundenmetern entspricht. Das Einheitszeichen laut „kn". Die Bezeichnung geht auf das seemännische Handlog zurück, dessen Leine zur Festlegung der in der Zeiteinheit zurückgelegten Entfernung mit Knoten markiert war (→ Log).

Einen richtigen Knoten bekommt man, wenn man Fäden, Seile, Taue oder Ähnliches miteinander verschlingt. Besonders in der Schifffahrt findet man eine Menge verschiedener Knoten. Schließlich müssen sie viel aushalten können, aber auch schnell und einfach wieder zu lösen sein. Die wichtigsten Seemannsknoten sind: Halber Schlag, zwei halbe Schläge, Webeleinstek, Überhandknoten, Stopperstek, Zimmermannsstek, Palstek, laufender Steg, Schotstek, Kreuz- und Achtknoten sowie der Slipstek.

Köm

Ein Köm oder Kööm ist ein klarer oder gelblicher Schnaps, bei dessen Herstellung unter anderem Kümmel mit im Spiel war. Welcher Köm auf der Getränkekarte einen Platz findet, ist regional unterschiedlich. (Es gibt in Schleswig-Holstein zum Beispiel die Kömgrenze entlang des Flüsschens Arlau in Nordfriesland. Nördlich davon wird gelber, südlich weißer Köm gereicht). Auch wie und womit er getrunken wird, variiert. Wenn es draußen richtig ungemütlich wird, kann man seinen Köm auch mit Tee kombinieren. Das Ergebnis: ein Teepunsch und ein Genießer, der recht fix einen im Tee hat.

Köm ist aber auch das eine „Lütt" in „Lütt un Lütt" (Plattdeutsch für „Klein und Klein"), einer speziellen norddeutschen Variante eines alkoholischen Mischgetränks aus einem kleinen Aquavit und einem kleinen Bier. Wer sich ein Lütt un Lütt bestellt, sollte allerdings etwas Übung haben, denn Kenner trinken aus beiden Gläsern gleichzeitig – und zwar aus einer Hand!

In anderen Regionen Deutschlands kann man die Kombination von Bier und Korn auch als „Herrengedeck" bei der Bedienung in Auftrag geben.

Königsstuhl

Der Königsstuhl ist verglichen mit dem Thron von Kaiser → *Butjatha* ein Gigant unter den herrschaftlichen ‚Möbeln‘ an → *Nord-* und → *Ostsee*. Außerdem ist er viel älter, nicht von Menschenhand gebaut und viel berühmter. Immerhin hat schon Caspar David Friedrich, der große Maler der deutschen Romantik, ihn 1818 in Öl auf Leinwand festgehalten. Der Titel: „Kreidefelsen auf Rügen". Womit auch der Standort des Königsstuhls geklärt wäre. Denn der Königsstuhl ist gar kein Stuhl, sondern mit 118 Metern der höchste Felsen an der → *Kreideküste auf Rügen*. Schwindelfrei sollte daher unbedingt sein, wer sich mit den jährlich bis 300 000 anderen Besuchern auf die rund 200 Quadratmeter große Aussichtsplattform wagt, um vom Königsstuhl aus den Blick über die Ostsee zu genießen. Das nahe gelegene Nationalpark-Zentrum mit 2000 Quadratmetern Ausstellungsfläche und einem Multivisionskino informiert über die Besonderheiten dieser imposanten Landschaft auf → *Rügen*. Von der „Victoria-Sicht", einer Aussichtsplattform 300 Meter südlich des Königsstuhls, kann man hingegen das herrschaftliche Sitzmöbel selbst in Augenschein nehmen.

Rügens berühmtester Kreidefelsen: Blick auf den 118 Meter hohen Königsstuhl und die Ostsee.

Der Weg von Sassnitz zu dem majestätischen Felsen führt über einen elf Kilometer langen Weg entlang der Steilküste (→ *Küstenformen*, → *Kliff*), entweder unten am Ufer oder auf dem Höhenweg durch einen Buchenwald, der zum UNESCO-Weltnaturerbe „Alte Buchenwälder Deutschlands" gehört. Wer es eiliger hat, fährt mit dem Auto zum nur drei Kilometer entfernten Großparkplatz in Hagen, einem Ortsteil der Gemeinde Lohme. Übrigens: Die Kreidefelsen im Nationalpark Jasmund (→ *Schutzgebiet*) haben es nicht nur auf Caspar David Friedrichs Leinwand, sondern 2012 auch auf eine Sonderbriefmarke aus der Serie „Deutsche National- und Naturparke" geschafft. Der Wert: 55 Cent.

www.ruegeninsel.de
Nationalpark-Zentrum Königsstuhl: www.koenigsstuhl.com

Krabbelkälte

Entgegen weit verbreiteten Vorurteilen ist es an der deutschen → *Nord-* und → *Ostsee*-Küste bei Weitem nicht immer nass, kalt und windig – aber es kommt vor. Dann hat die gemeine Krabbelkälte ihren großen Auftritt. Sie krabbelt Hosenbeine hoch, schlüpft in weite Jackenärmel und ungeschützte Pulloverkragen. Hat sie erst einmal ein Schlupfloch gefunden, breitet sie sich genüsslich aus und treibt verfrorene Küstenbesucher scharenweise in wohlig warme Cafés, wo sie bibbernd ihre Hände um → *Tote Tanten*, → *Pharisäer* und Tee mit → *Kluntje* schlingen.

Besonders hartnäckig hält sich die Krabbelkälte, wenn es zu allem Überfluss auch noch regnet. Aber keine Sorge, denn auch hier gilt: Es gibt kein unpassendes Wetter für einen ausgiebigen Spaziergang, nur die unpassende Kleidung. Das untere Ende der Hosenbeine in selbstgestrickte Wollsocken gestopft, die so präparierten Füße in Gummistiefel gesteckt, obenrum einen traditionellen Seemannspullover aus reiner Schurwolle und eingepackt in wind- und regenfestes → *Ölzeug* gibt man der Krabbelkälte selbst im härtesten Winter an den pustigen Küsten keine Chance. Gegen einen Besuch im Café ist natürlich trotzdem nichts einzuwenden – zum Beispiel, um mit einem Stück Friesentorte (→ *Friesen*) die beim strammen Gehen gegen den Wind verbrauchten Kalorien wieder zu ersetzen.

Krabben

Wissenschaftlich korrekt heißen sie „Nordseegarnelen", in Ostfriesland und auf der → *Halbinsel* Butjadingen sagt man „Granat", in Büsum „Kraut" und auf den Nordfriesischen → *Inseln* und → *Halligen* „Porren". Am verbreitetsten ist aber die Bezeichnung „Krabben" für diese schmackhaften Langschwanzkrebse, die ausgewachsen eine Länge von bis zu 9,5 Zentimetern erreichen können und sich zum Glück reichlich vermehren, sodass die Krabbenfischerei auch im Weltnaturerbe → *Wattenmeer* (mit Einschränkungen) weiterhin zulässig ist. Durch steigende Kosten, Naturschutzauflagen und Sperrungen in Offshore-Windparks befindet sich die Krabbenfischerei allerdings im Rückgang. Das Bild der → *Kutter*, die frühmorgens ausfahren und am Spätnachmittag heimkehren, und der Anblick der in den → *Prielen* fischenden, von → *Möwen*-Schwärmen begleiteten → *Schiffe* im Wattenmeer gehören aber immer noch zu den bleibenden Eindrücken, die Besucher der → *Nordsee*-Küste mit nach Hause nehmen. Mittels der „Kurren", etwa acht Meter langen Eisenbäumen mit Schleppnetzen beiderseits der Bordwände, die über den Grund gezogen werden, sammeln die Krabben-

Eine Delikatesse für Feinschmecker: möglichst frisch gepulte Krabben.
Diese hier sind schon gekocht, aber noch nicht gepult.

fischer ihre Beute ein. Nach Einholen der Netze wird alles, was nicht Krabbe ist, aussortiert und zur Freude der Möwen wieder ins Meer geworfen, während die Speisekrabben noch auf dem Kutter mit Seewasser abgekocht werden, wobei die eigentlich gräulich-braunen Krebstiere ihre rötliche Farbe bekommen. In vielen Häfen – zum Beispiel Greetsiel und Neuharlingersiel in Niedersachsen, Büsum und Husum in Schleswig-Holstein – werden Krabben direkt vom Kutter an Gäste und Küstenbewohner verkauft – und Erstere dürfen sich nun in der Kunst des Krabbenpulens üben, ein Vorgang, der einige Fingerfertigkeit erfordert.

Die gewerbliche Krabbenfischerei gibt es in der Nordsee seit Mitte des 19. Jahrhunderts. Wegen mangelnder Konservierungsmöglichkeiten wurden Krabben vorher nur für den Eigenbedarf gefangen, und zwar zu Fuß im Watt mit „Gliepen" oder „Schiebehamen" genannten Schiebekeschern oder in V-Form aufgestellten Zäunen mit Reusen (→ *Heringszaun*).

Krähennest In einem Krähennest brütet der schwarze

große Vogel seine Eier aus. Aber auch ein Matrose, noch besser gesagt: der Ausguckmann eines → *Schiffes* steht im Krähennest, denn so wird der Beobachtungsstand, der etwa in halber Höhe des Fockmasts (vorderer Mast) angebracht ist, bezeichnet.

Im 19. Jahrhundert begann man auf Walfangschiffen im Fockmast große Fässer anzubringen, für die der Name „Krähennest" entstand. Fans von Piratenfilmen haben sie schon öfter in guten Freibeuter-Streifen gesehen. Heute sind Krähennester noch auf Fischereischiffen und in der Eismeer-Fahrt verbreitet. Manchmal wird das Krähennest auch „Mastkorb" genannt.

Kreideküste auf Rügen Mit dem → *Königs-*

stuhl im Nationalpark Jasmund (→ *Schutzgebiet*) gehört die Kreideküste zu den Wahrzeichen der → *Ostsee*-Insel → *Rügen*. Das weiß leuchtende → *Kliff* ist genau genommen ein riesiger, uralter Friedhof mit den sterblichen Kalkschalenüberresten von Kleinstlebewesen, die vor etlichen Millionen Jahren das Meer bevölkert haben. Unter dem Gewicht weiterer Ablagerungen wurden sie

Imposant: Die über 100 Meter hohe Kreideküste von Rügen
ist gleichzeitig auch Wahrzeichen der Insel.

zu einer Kreideschicht zusammengepresst und schließlich während der Eiszeiten abgeschliffen. Heute ziert die über 100 Meter hohe Kreideküste auf Rügen nahezu jede Postkarte, die von der → *Insel* aus verschickt wird. Zu nahe kommen sollte man dem weißen Urzeitfriedhof besser nicht, denn an vielen Stellen kann es immer wieder zu Abbrüchen kommen, die auch → *Steine* und Bäume mit in die Tiefe reißen (→ *Küstenformen*). „Rügen bröckelt", berichtete die Presse zum Beispiel, als 2008 auf einer Länge von 100 Metern gleich rund 15 000 Kubikmeter Kreide ins Rutschen kamen. Wer sichergehen möchte, sollte sich daher am besten beim Nationalpark-Zentrum Königsstuhl nach geführten Wanderungen erkundigen.

Nationalpark-Zentrum Königsstuhl: www.koenigsstuhl.com

Küstenformen Küste ist überall da, wo Meer und
Land ineinander übergehen. Badehose und Handtuch sind trotzdem nicht immer die richtige Ausstattung, wenn es an die Küste geht – selbst im Hochsommer nicht. Bei einigen Küsten wäre wohl eher eine Kletterausrüstung angebracht. Kurz: Küste ist

Berühmt: das Rote Kliff vor Kampen
und Wenningstedt auf Sylt.

nicht gleich Küste. Grob kann man Küsten zunächst nach ihrem Profil unterscheiden.

Besonders schroff fällt die Begegnung von Meer und Land an den Steilküsten aus. Sie sind – wie der Name schon sagt – besonders steil. Ein eindrucksvolles Beispiel ist der 61 Meter hoch aus der → *Nordsee* ragende rote Buntsandsteinfelsen der → *Insel* Helgoland. Die meisten Steilküsten sind Kliffküsten und entstehen überall dort, wo eine starke → *Brandung* im Rhythmus der Wellen stetig auf die Küste trifft, bis sich irgendwann kleine Stücke lösen, die ihrerseits von den Wellen gegen die Küste gestoßen werden und wie zusätzliches Werkzeug deren Zerstörung vorantreiben.

Irgendwann wird die Küstensubstanz durch eine solch hartnäckige Bearbeitung ausgehöhlt, wodurch sich Überhänge bilden. Brechen diese ab, fällt neues ,Werkzeug' ins Meer, das die Wellen zum Bildhauer der sich ständig verändernden Küsten werden lassen, bis diese fast senkrecht zum Meer abfallen. Es blieb nicht aus, dass auf diese Weise nicht nur Wald- und Ackerflächen, sondern sogar ganze Siedlungen in der Tiefe verschwanden, vermutlich etwa die legendäre Stadt → *Vineta*. Zu den Kliffküsten der → *Nordsee* zählen das Rote Kliff und das Morsum-Kliff auf Sylt, zu denen der → *Ostsee* unter anderem die → *Kreideküste auf Rügen* (→ *Königsstuhl*), der Streckelsberg auf Usedom und das Brodtener Ufer an der Lübecker → *Bucht* (weitere Beispiele → *Kliff*). Für Spaziergänge an Steilküsten gilt: Hangrutsch- und Steinschlaggefahr! Entsprechende Warnhinweise sollten also auf jeden Fall ernst genommen werden.

Das genaue Gegenteil der Steilküsten sind die Flachküsten, der ruhige Typ Küste mit breiten, flachen → *Stränden*. Im Gegensatz zum zerstörungswütigen Meer an Steilküsten zeigt sich die Brandung hier von ihrer anderen Seite: Sie spült Sand hin und her und baut daraus vor den Küsten → *Sandbänke*. Ein Beispiel für eine Flachküste mit breiten, feinen Sandstränden finden Ostseeurlauber im Norden Mecklenburg-Vorpommerns vor der → *Halbinsel* → *Fischland-Darß-Zingst*.

Weitere Küstenformen an Nord- und Ostsee sind unter anderem Fördeküsten (→ *Förden*) und Boddenküsten (→ *Bodden*).

Küstengewässer Zu den Küstengewässern

gehören alle größeren Wasseransammlungen, die entweder selbst ein Meer bilden oder mit diesem in engem Austausch stehen, also immer mal wieder ein bisschen Wasser teilen. Außer → *Nord-* und → *Ostsee* zählen dazu im deutschen Küstengebiet unter anderem → *Haffs*, → *Bodden*, → *Noore* und → *Förden*.

Küstenschutz Beim Küstenschutz werden in erster

Linie die Menschen geschützt, die an den Küsten leben. Geschützt werden sie, indem man die Küsten so gestaltet, dass das Meer auch bei → *Sturmfluten* in gebührendem Abstand zu bewohnten Gebieten bleibt und möglichst nicht für unfreiwillig nasse Füße oder gefährliche Überschwemmungen sorgt. Den → *Deichen*, und mit ihnen den → *Schafen*, kommt dabei eine zentrale Rolle zu. Andere Küstenschutzbauten sind → *Lahnungen*, → *Sperrwerke* und → *Warften*. Auch die Sandvorspülungen auf Sylt und Norderney sind Küstenschutzmaßnahmen.

Zu den Aufgaben des Küstenschutzes gehört es außerdem, Menschen rechtzeitig vor gefährlichen Sturmfluten zu warnen. Um

Zu den wirksamen Küstenschutzmaßnahmen gehören
Sandvorspülungen – wie hier an der Westküste von Sylt.

regelmäßig die dazu erforderlichen Daten zu erheben und die
Küstenschutzwerke zu überprüfen, unterhält der Niedersächsische Landesbetrieb für Wasserwirtschaft, Küsten- und Naturschutz (NLWKN) zum Beispiel seine Forschungsstelle Küste
(FSK) auf der Ostfriesischen → *Insel* Norderney.
Alle norddeutschen Küstenländer haben ein umfangreiches Programm für den Küstenschutz. Kein Wunder, wenn man bedenkt,
dass Mecklenburg-Vorpommern über 1700 Kilometer Küstenlinie
hat, das Land Niedersachsen auf rund 14 Prozent seiner Fläche
durch Sturmfluten gefährdet ist und in Schleswig-Holstein über
350 000 Menschen in potenziell überflutungsgefährdeter Küsten-
nähe leben.
Küstenschutz in Niedersachsen: www.nlwkn.niedersachsen.de
Küstenschutz in Schleswig-Holstein:
www.kuestenschutz.schleswig-holstein.de

Kutter Was lieben wir ihn doch, wenn er so schön ruhig

im Hafen liegt, den Schlick noch am Bug und an Bord eine sil-
berglänzende Ausbeute. Der → *Fisch-* oder → *Krabben*-Kutter

Ein Krabbenkutter läuft in den Hafen ein.

gehört an die Küste wie die → *Möwen* auf den → *Strandkorb*. Die meisten Kutter haben eine scharfe Rumpfform mit einem fast senkrechten Vorsteven (der vordere Teil des Bugs, an dem die Bordwände zusammenlaufen) und einer Verjüngung an Bug und Heck. Manchmal wird auch das Beiboot als „Kutter" bezeichnet. „Riemen-Kutter" wurden die Beiboote eines Kriegsschiffs zum Pullen (Rudern) genannt. An die 14 Mann hatten damals darin Platz.

Die Bezeichnung wird vom englischen Wort „cut" abgeleitet und benennt neben dem Fischereifahrzeug auch ein meist einmastiges Segelschiff mit Gaffel- und Toppsegel sowie drei Vorsegeln. Heute werden manchmal auch Yachten als „Kutter" bezeichnet. Übrigens heißt eine Maschine zum feinen Zerkleinern und Vermischen von Lebensmitteln „Kutter".

Bremsen die Wucht der Wellen, schützen die Deiche und dienen
dem Aufbau von Schlick und Land: Lahnungen.

Lahnung

Lahnungen sind eine Art Wände, die – im
Uferbereich ins Meer hinein gebaut – die → *Flut* bremsen sollen.
Der Aufbau ist einfach: in den Boden gerammte Holzpfähle, dazwischen gestapelte Reisigbündel oder andere Sträucher. Bei
ablaufendem Wasser bleiben Schlick (→ *Watt*) und Sand in diesen Barrieren hängen. Der Effekt ist also ein doppelter: Durch
die Lahnungen entsteht neues Land (→ *Landgewinnung*), gleichzeitig wird das Hinterland besser geschützt, denn die Reisig-
wände bremsen die Wucht der Wellen, bevor sie auf die zusätzlich
schützenden → *Deiche* treffen (→ *Küstenschutz*).

Landgewinnung

Lange Zeit war Landgewinnung
in erster Linie dazu da, dem Meer weitere Flächen abzutrotzen,
die dann für Ackerbau genutzt oder besiedelt werden konnten.
Dazu wurde ein Bereich des Meeres im Uferbereich durch verschiedene Barrieren (→ *Deich* und → *Lahnung*) abgetrennt und
über Gräben und → *Siele* entwässert, sodass der umschlossene
Bereich schließlich versandete.

Diese Form der Landgewinnung hat zwar an Bedeutung verloren, noch immer werden jedoch Meeresflächen in Land umgewandelt, zum Beispiel beim Bau des JadeWeserPorts. Für einen Teil der Hafenanlage von Deutschlands (bisher) einzigem Tiefwasserhafen in Wilhelmshaven an der → *Nordsee* wurden allein von 2008 bis 2009 17,6 Millionen Kubikmeter Sand aufgespült. Riesige Saugbagger waren dazu im Einsatz. Kein Vergleich also zu den Reisigbarrieren bei den Lahnungen und dem mühsamen Deichbau, der viele Jahre lang mit Muskelkraft und Schaufeleinsatz bewältigt werden musste.

Lee und Luv

Erfahrenen Seemännern und -frauen sind die Begriffe „Lee" und „Luv" längst in Fleisch und Blut übergangen. Nichtsegler müssen da schon mal nachdenken.
Fangen wir also mit Lee an: Das ist der Ort, wo die See dem Wind nicht ausgesetzt ist. Für Steuermänner heißt das „die dem Wind abgewandte Seite eines Schiffes", also der Windschatten. Wer „Lee macht", legt sein → *Schiff* so zum Wind, dass an dieser Seite beispielsweise Arbeiten oder Rettungsmanöver ausgeführt werden können.

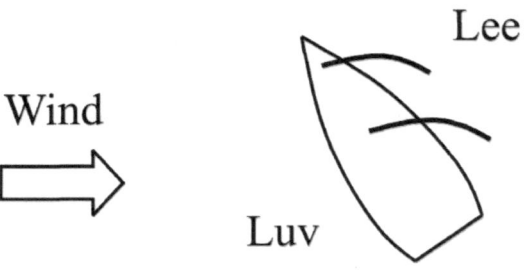

Lee ist die vom Wind abgewandte Seite,
Luv die dem Wind zugewandte.

Die drei Buchstaben Luv bezeichnen demzufolge „die dem Wind zugewandte Seite eines Schiffes" (funktioniert übrigens auch bei Gebäuden). Wer luvwärts dreht, nimmt Kurs in die Windrichtung. „Luv" kommt wie „Lee" (= mild, lau) aus dem Niederdeutschen und heißt übersetzt „Ruderseite".

Leuchtturm

Auch wenn man dies nach dem Besuch in einem der zahlreichen Souvenirläden in kleinen und großen Küstenorten annehmen könnte: Leuchttürme wurden nicht an die Küsten gestellt, um für gestickte Verzierungen auf Stoffbeuteln, Aufdrucke auf Feuerzeugen oder Gipsskulpturen Modell zu stehen. Leuchttürme sind Verkehrszeichen auf dem Wasser. Ihre Lichter sind besonders nachts auch aus weiter Entfernung gut zu sehen und geben → *Schiffs*-Führern Anhaltspunkte, um ihre Position zu bestimmen. Sie sind leuchtende Warnungen vor Untiefen, lotsen in den sicheren Hafen oder markieren die Fahrrinne (→ *Fahrwasser*).

Bis in die erste Hälfte des 19. Jahrhunderts brannten in den Leuchttürmen, die daher auch „Leuchtfeuer" genannt wurden, tatsächlich noch Feuer. Es folgten Petroleumleuchten und Linsen, mit denen die Lichtstrahlen gebündelt und gelenkt werden konnten. Schließlich sorgte die Erfindung der Elektrizität für eine große Erleichterung im Leben der Leuchtturmwärter, deren Aufgabe darin bestand, jederzeit dafür zu sorgen, dass das Licht im Leuchtturm brannte. Heute wird das Licht mit moderner Technologie gesteuert. In Deutschland verließ 1986 der letzte Leuchtturmwärter seinen Arbeitsplatz und überließ seinen verantwortungsvollen Job der automatisierten Technik.

Leuchttürme sind übrigens nicht immer rund und rot-weiß gestreift wie der bekannte Leuchtturm Westerheversand auf der → *Halbinsel* → *Eiderstedt*, der mit seinen zwei baugleichen Häusern rechts und links in keinem Leuchtturm-Kalender fehlen darf (Abbildung Seite 37). 1906 auf einer vier Meter hohen → *Warft* gebaut, ist er seit über 100 Jahren im Dienst. Frische gelb-rote Streifen trägt der 1891 in Betrieb genommene Pilsumer Leuchtturm, ein Wahrzeichen Ostfrieslands, der seit den Dreharbeiten von „Otto der Außerfriesische" (Film von und mit dem Komiker

Sehr dekorativ: der Leuchtturm
von Pilsum in Ostfriesland

Sylt, Ellenbogen,
List Ost

Leuchtturm Westmole
Warnemünde

Leuchtturm Darßer Ort

Leuchtturm
Dornbusch auf Hiddensee

Kap Arkona auf Rügen, alter Turm
(links) und neuer Turm

Otto Waalkes) auch als „Otto-Turm" bekannt ist. Nicht einmal rund müssen Leuchttürme sein. Der Leuchtturm Neuwerk, mit dessen Bau bereits im Jahr 1300 begonnen wurde, ist zum Beispiel ein eckiger Bau aus rotem Backstein.

Als ältester Leuchtturm in Deutschland gilt der Leuchtturm in Travemünde bei Lübeck, der zwar erst 1539 gebaut wurde, aber ein Hafenzeichen als Vorgänger hatte, das bereits seit 1226 im Einsatz war. Um den Titel des kleinsten Leuchtturms wetteifern gleich mehrere Kandidaten: Der Pilsumer Leuchtturm erreicht zwar aufgrund seiner Bekanntheit die größere Aufmerksamkeit, trotz seiner Höhe von gerade einmal elf Metern kann er jedoch noch auf den Leuchtturm Oland herabgucken. Das Seezeichen der → *Hallig* Oland im nordfriesischen → *Wattenmeer* misst nur 7,45 Meter.

Log

Das auch „Handlog" genannte altertümliche Gerät zur Messung der Schiffsgeschwindigkeit hat seinen Namen von englisch „log" für einen bleibeschwerten Holzklotz (Logscheit), den man an einer mit → *Knoten* markierten Leine vom fahrenden → *Schiff* ins Wasser hinabließ, wo er etwa an derselben Stelle stehen blieb und vor sich hindümpelte. Nach einer gewissen Fahrzeit, die einst mit einer Sanduhr, dem Logglas, ermittelt wurde, bestimmte man anhand der Knoten die Länge der abgelaufenen Logleine und zog die ganze Geschichte wieder an Bord. Aus dem Verhältnis der zurückgelegten Strecke und der dafür benötigten Zeit lässt sich die Geschwindigkeit des Schiffes im Wasser errechnen, die man früher zusammen mit dem Kompasskurs zur Ortsbestimmung und zur Berechnung der zurückgelegten Fahrtstrecke brauchte. Ist doch log-isch! Protokolliert wurde das Ganze im Logbuch. Strömungen konnten allerdings das Ergebnis verfälschen. Heute ist man mit Funk- und Satellitennavigation auf der sicheren Seite.

Marsch

Ganz vereinfacht könnte man sagen: Marsch (alternativ: „Schwemmland") ist Meeresboden ohne Meer darüber, an der → *Nordsee* also ausgetrocknete oder entwässerte Bereiche des → *Wattenmeers*. Daher trägt die Marsch das Meer in sich, denn Marschboden besteht aus Ablagerungen des Meeres und abgestorbenen Pflanzenpartikeln ehemaliger → *Salzwiesen*. Wo an den Küsten Marschen entstanden – sei es durch einen absinkenden Meeresspiegel oder durch → *Landgewinnung* –, war mehr Platz für landwirtschaftliche Nutzung und Besiedlung.

Die Mühe der Landgewinnung lohnte sich, denn Marschboden ist besonders fruchtbar und bietet beste Grundlagen für Viehzucht und Ackerbau. Den Marschbauern ging es daher meist gut, und das zeigten sie auch. Bis ins 20. Jahrhundert hinein sollen sie es vor allem den ärmeren Landwirten von der → *Geest* unter die Nase gerieben haben: Wenn es damals hieß ‚Bauer sucht Frau', waren zumindest aus Sicht der Marschbauern Verbindungen zu den Familien der Geestbauern nicht gern gesehen.

Die Heiratspolitik dürfte sich inzwischen geändert haben, die fruchtbaren Böden der Marsch sorgen jedoch in einigen Gebieten bis heute für lohnenswerte Landwirtschaft: In Dithmarschen, einer ehemaligen Bauernrepublik, die ihre Bodenqualität bis heute im Namen trägt, wachsen heute jährlich rund 80 Millionen Kohlköpfe auf rund 3000 Hektar Land – fruchtbarem Marschland! Kein Wunder, dass die Bewohner der „Kohlkammer Deutschlands" ihren Kohl feiern, mitsamt Kohlkönigin und „Kohlosseum", einer historischen Sauerkrautwerkstatt in Wesselburen.

In die Marsch zu bauen bedeutete allerdings lange Zeit auch ein Risiko. So war das heutige Wattenmeer im Mittelalter noch überwiegend bewohnbar. Die beiden großen → *Sturmfluten* 1362 und 1634 haben die Landkarte jedoch radikal verändert. Wo damals fruchtbare Marschen lagen, sind heute nur noch Landreste im Wasser übrig (→ *Inseln* und → *Halligen*).

Übrigens: Auch heute halten die Marschen für so manchen Neubewohner ihre Tücken bereit: So wurde das Vorhaben, auf Marschgrund ein Haus zu setzen, schon mit Bauen auf Wackelpudding verglichen. Eine Lösung: Die nicht so stabile Schicht aus

Marschboden wird mit Hilfe von Pfählen überbrückt, auf denen dann ein stabiles Fundament errichtet werden kann.

Kohlmuseum in Dithmarschen: www.kohlosseum.de

Missunde

Eine Fahrt von dem Dorf Missunde mit der → *Fähre* über die Schlei (→ *Förde*) rüber in die Gemeinde Brodersby in Angeln dauert nur ein paar Minuten und kostet gerade einmal 60 Cent (Stand: 2016). Dieser malerische Ort, kaum mehr als zehn Kilometer östlich von Schleswig gelegen, in dem heute Touristen den Blick über die Schlei genießen, war einst von großer strategischer Bedeutung. Da die Schlei bei Missunde mit rund 130 Metern ihre schmalste Stelle hat und zudem als natürliche Übergangsstelle auf der Strecke Kiel–Eckernförde–Flensburg liegt, spielte Missunde im Deutsch-Dänischen Krieg eine wichtige Rolle. Am 2. Februar 1864 wurde hier – gewissermaßen als Auftakt – eine der Schlachten zwischen Preußen und Dänen ausgetragen: Beide Seiten wollten das Herzogtum Schleswig für sich. Nachdem ihnen der Schleiübergang bei Missunde zunächst misslungen war, gewannen am Ende des Krieges (30. Oktober 1864) die Preußen und die mit ihnen verbündeten Österreicher. Die Herzogtümer Schleswig und Holstein wurden deutsch.

Durch seine strategische Lage in dieser Auseinandersetzung um den Grenzverlauf zwischen Dänemark und dem Deutschen Bund wurde das kleine Dorf an der Schlei weit über Schleswig-Holstein bekannt. Einen Beweis dafür findet man unter anderem auf dem Dortmunder Stadtplan: Nördlich der Innenstadt liegt die Missundestraße, die mit fast 300 Metern Länge mehr als doppelt so lang ist wie die einst umkämpfte Schleienge.

Übrigens: Der Ortsname hat sich aus „Versund" (Fahrsund) über „Mjösunde" (schmaler → *Sund*) oder „Mosunde" zu „Missunde" entwickelt.

Moin

Wer in Süddeutschland „Moin" sagt, sollte damit rechnen, dass man ihn entweder schief ansieht oder ihn darüber aufklären möchte, dass es doch eher „guten Morgen" heißen müsste. Aber das norddeutsche „Moin" hat ja gar nichts mit der Tageszeit zu tun und wird universal verwendet. Hallo, Tschüss, auf Wiedersehen – alles lässt sich mit dem knappen Sammelbegriff ausdrücken. Schließlich halten sich Küstenbewohner nur ungern mit langen Reden auf.

Wahrscheinlich wurde das „Moin" als Gruß bis in die 1970er-Jahre nur in Ostfriesland, dem Emsland, im Oldenburgischen und in den nordfriesischen Regionen Schleswig-Holsteins sowie in Flensburg verwendet. Im Rest des Nordens hieß es einfach „Tach". Die Doppelform „Moin Moin" kann nicht nur als Gruß verstanden werden, sondern unter Umständen auch als Aufforderung zum Klönschnack.

Woher das Wort nun wirklich stammt, ist nicht belegt und bewiesen. Eine Möglichkeit könnte aus Ostfriesland kommen. Dort glaubt man, dass das „Moin" sich vom niederländischen „Mooi" (übersetzt: schön) ableitet. Viele halten das „Moin" für uralt, aber auch das lässt sich nicht in den Geschichtsbüchern nachvollziehen. Das erste Mal bekam das Wort 1932 einen Platz im Lexikon. Das „Moin" lässt sich seit 2004 im deutschen Rechtschreib-Duden finden.

Mole
Hafendamm mit vier Buchstaben. Rätselfreunde wissen, dass hier – neben einer → *Pier* – nur eine Mole gemeint sein kann, denn eine Mole ist ein künstlich angelegter, meist mit → *Steinen*, Beton oder Holz befestigter Damm, der ins Wasser hineinragt. Molen sind Wellenbrecher, und weil es besonders an flacheren Stellen sonst schwierig wird, mit einem → *Schiff* an Land zu kommen, werden sie häufig auch als Anlegestelle genutzt. Am Ende einer Mole stehen oft → *Leuchttürme*, in diesem Fall auch „Molenfeuer" genannt. Sie weisen auf die Einfahrt zu einem Hafen oder eine enge Schiffspassage hin und warnen gleichzeitig vor der Mole selbst, die oft mehrere Hundert Meter ins Meer hineinragt.

Die längste Außenmole Europas steht in Sassnitz auf → *Rügen*. Fast 1,5 Kilometer lang ist diese ausgelagerte Uferpromenade aus Stein, an deren Ende ein achteckiger, grün-weißer Leuchtturm steht. Über 22 Jahre wurde an der Supermole gebaut: von 1889 bis 1912. Morgens landen hier einige Fischer ihren Fang an. Wer sich eine Scholle, einen Dorsch oder Hering direkt von Bord sichern möchte, sollte also einen kleinen Frühspaziergang einplanen.

Möwe

Elegant sind sie schon, wie sie so mit ihren weißen Schwingen über den Küsten kreisen. Vor allem im Herbst sind sie an → Ost- und → Nordsee-Küste zuhauf zu sehen. Sie sitzen auf den Hausdächern und den Mauern der Strandpromenaden und sind mit ihrem lauten Rufen kaum zu überhören. Doch Möwe ist nicht gleich Möwe. Es gibt kleinere, wie die Lachmöwe, die ihren Namen ihrem an ein spöttisches Lachen erinnernden Ruf verdankt, oder die Sturmmöwe. Richtig beeindruckend sind dagegen die größeren wie die Silbermöwe oder die Heringsmöwe. Die Königin der Möwen ist aber die Mantelmöwe, die wie ihre Artgenossen weiß oder grau gefärbt ist, doch zudem noch einen schwarzen Rücken und auf der Oberseite ihres Flügels auch schwarze Federn hat. Die Mantelmöwe ist die größte Möwe der Welt. Sie kann über 70 Zentimeter lang werden und ist damit fast so groß wie eine Gans. Ihre Flügelspannweite kann bis zu 1,70 Meter betragen. Die kleinste Art heißt „Zwergmöwe". Sie erreicht gerade mal 30 Zentimeter an Länge. Während die schwere Mantelmöwe sehr langsam und mit kräftigen Flügelschlägen fliegt, ist die kleine Zwergmöwe lockerflockig unterwegs. Sie hüpft gern und fliegt wellenförmige Bahnen dicht über der Wasseroberfläche.

Möwen mögen nicht nur die Küstengebiete, sondern sie suchen oft auch auf Ackern und Wiesen und sogar in Städten nach Nahrung. Auf dem Hamburger Fischmarkt zum Beispiel wimmelt es nur so von Lach- und Silbermöwen. Mit viel Glück kann man unter ihnen auch eine seltene Steppenmöwe sehen.

Die gefiederten Flugkameraden streiten sich oft und gern lautstark um ihr Futter. Sie sind echte Teamspieler und fast immer in Kolonien zu Hause. Wenn es um ihre Nistplätze geht, sind Möwen wenig wählerisch. Hauptsache, ihre Eier und Küken sind vor Angreifern, wie Marder und Raubvögeln, geschützt.

Insgesamt gibt es in etwa 55 verschiedene Arten, und Möwen sind in der ganzen Welt zu Hause. Die Silbermöwe und die Mantel-

Sturmmöwe

Lachmöwe

Silbermöwe

Zwergmöwe (Jungtier)

Zwergmöwe mit Jungen

möwe zieht es eher in kühlere Klimazonen. Die Polarmöwe mag es besonders kalt und brütet deswegen auch in der Arktis. Die Dickschnabelmöwe hingegen mag es heiß, deswegen lebt sie in Australien. Im Großen und Ganzen sind Möwen echte Küstenvögel und fühlen sich sie deswegen in Norddeutschland besonders wohl.

Die Dreizehenmöwe ist den größten Teil ihres Lebens auf dem Meer unterwegs. Um zu fressen, taucht sie ins Wasser und fischt sich kleine → *Fische* und Krebse zum Mittagessen heraus. Bei Gelegenheit bedient der Vogel sich an der Ausbeute von Fischern und macht sich über den sogenannten Beifang her. Das sind die Fische und Meerestiere, die der Fischer nicht verwerten kann und deswegen wieder vom → *Kutter* zurück ins Wasser wirft. Nur zum Brüten geht die Dreizehenmöwe an Land. Ihre Lieblingsbrutstätte ist die Nordseeinsel Helgoland (→ *Insel*). Sie ist dabei ganz schön schwindelfrei, denn oft baut die Dreizehenmöwe ihr Nest hoch oben an steilen Felswänden.

Kostverächter sind Möwen auf keinen Fall und klug sind sie bei ihrer Nahrungsbeschaffung obendrein. Davon können beispielsweise unvorsichtige Touristen auf Sylt, Amrum oder Föhr ein Lied singen. Da will man gerade in sein frisches knackiges → *Fischbrötchen* beißen, schwups, hat es sich eine diebische Lach- oder Silbermöwe gekrallt und lässt es sich schmecken.

Auf dem Speiseplan der Möwe stehen auch → *Muscheln*. Die nimmt sie einfach in den Schnabel, fliegt damit sechs bis zehn Meter nach oben und lässt ihre Beute dann auf eine feste Unterlage wie einen Küstenfelsen fallen. Dieser harte Untergrund wird dann genutzt, um mit dem Schnabel die Schalen der Muschel aufzubrechen. Kleinere Möwen bevorzugen hingegen eher Insekten wie Libellen, Käfer und was sonst noch in der Luft herumfliegt. Hat die Möwe Durst, muss sie sich meist mit dem salzigen Meerwasser begnügen. Damit das Salz aber nicht ihren Organismus belastet, besitzt sie oberhalb ihrer Augen spezielle Drüsen, mit denen ein großer Teil des Salzes wieder ausgeschieden werden kann.

Die Möwen gehören an die Küsten wie die → *Schiffe* ins Wasser. Schon seit jeher hat der weiße Vogel eine besondere Bedeutung für uns Menschen. Früher glaubten die Seeleute, dass sie nur in

See stechen könnten, wenn ihr Schiff von vielen Möwen begleitet wird. Lange vor den elektronischen Navigationsgeräten kündigten Möwen den Steuermännern die Nähe zum Festland an.

Überhaupt sind Möwen unglaubliche Orientierungstalente. Sie sind beispielsweise in der Lage, Tausende Kilometer auf direktem Weg zum Ausgangsort zurückzufliegen, ohne sich dabei nur ein einziges Mal zu verirren.

Eine kleine Randbemerkung: Früher galten Möweneier als Delikatesse. Heute ist es verboten, sie zu sammeln.

Muschel Wir lieben sie einfach. Wenn wir unserem Nachwuchs Eimerchen und Kescher in die Hand drücken, sind sie den ganzen Tag am → *Strand* mit Sammeln beschäftigt. Sie holen uns den Sommer auf die heimische Fensterbank und sie knirschen so wunderbar, wenn wir auf sie treten, denn spätestens dann wissen wir: Jetzt sind wir am Meer. Außerdem sind sie in so manchen Restaurants der Renner auf der Speisekarte: Keine Küste ohne Muscheln.

Sie sind eine Klasse der Weichtiere (auch „Mollusken" genannt), kommen in rund 10 000 Arten vor und besitzen ein zweiklappiges Gehäuse. Kurz: harte Schale, weicher Kern. Bei den meisten Muscheln sind die Schalen spiegelbildlich, die Auster macht da eine Ausnahme. Ein Schloss sichert die Klappen gegen Verrutschen. Manche Muscheln sind mit Bysusfäden, einem eiweißartigen Drüsensekret, am Untergrund festgewachsen.

Muscheln leben überwiegend im Meer. Ihr Vorkommen reicht von der → *Gezeiten*-Zone bis in die Tiefsee. Einige Familien findet man sogar im Süßwasser.

Erdgeschichtlich sind → *Nord*- und → *Ostsee*-Küste mit etwa 12 000 Jahren außerordentlich jung. Die Muschel kam sogar erst mit den → *Wikingern* hierher. Von ihren Fahrten nach Nordamerika brachten sie vor 1000 Jahren die Sandklaffmuschel mit nach Europa. So richtig an den Start gingen die Muscheln dann mit Kolumbus. Nachdem er 1492 Amerika entdeckt und fremde Küsten abgegrast hatte, wurden die Rümpfe seiner → *Schiffe* von zahlreichen Arten besiedelt. Bei seiner Rückkehr nach Europa brachte Kolumbus auf diese Weise unwissentlich eine ganze

Reihe fremder Formen mit. Später wurden bestimmte Arten absichtlich nach Europa eingeführt. Das wohl bekannteste Importprodukt ist die Pazifische Felsenauster.

Muscheln sind waschechte Kläranlagen: Mit ihren Kiemen filtern sie Sauerstoff und Kleinstlebewesen wie zum Beispiel Plankton aus dem Wasser. Schöner Nebeneffekt: Sie reinigen gleichzeitig die Gewässer. Es gibt sogar Muschelarten, die bis zu 25 Liter in einer Stunde schaffen.

Wenn man sich so manche Austern- und Miesmuschel-Bank (so nennt man die großen Kolonien dieser Tiere) ansieht, könnte man denken, dass eine Muschel ohne die andere nicht auskommt. Das ist aber gar nicht so, denn selbst die Fortpflanzung funktioniert im Alleingang. Die Herzmuschel zum Beispiel gibt in den warmen Monaten einfach ihre Eier und Spermien ins Meerwasser ab. Mit Glück treffen die sich, und der Nachwuchs kann kommen. Erst entsteht eine Larve und später dann eine Jungmuschel.

Die sechs häufigsten Muschelarten an Nord- und Ostseeküste
(Abbildungen folgende Seite):

Die **Gemeine Herzmuschel** hat fast jeder schon einmal gesehen. Sie kommt von allen Arten auch am häufigsten vor. Sie kann bis zu fünf Zentimeter groß werden. Man sieht sie deswegen so oft, weil sie nicht besonders viel Wassertiefe benötigt.

Mies ist die **Miesmuschel** allerhöchstens, wenn wir uns an ihr schneiden. Genau genommen kommt das Wort aus dem Althochdeutschen und steht für Moos. Die Miesmuschel ist quasi das „Moos der Ozeane", denn sie macht sich oft kilometerlang auf dem Meeresgrund breit, und ihre bräunlichen Fäden erinnern an einen Moosteppich. Mit den Fäden hält sie sich am Grund fest, um nicht von Strömungen weggespült zu werden. Sie kann handliche sieben Zentimeter lang werden.

Jüngere Importware ist die in den 1970er-Jahren eingeschleppte **Amerikanische Scheidenmuschel** aus der Familie der Schwertmuscheln. „Think big" heißt es, denn sie kann bis zu 25 Zentimeter groß werden. Meist ist die Amerikanische Scheidenmuschel in großen Herden auf dem → *Nordsee*-Boden zu finden. So liegen auf einem Quadratmeter zwischen 400 und 1500 Stück. Fühlt sie sich

Gemeine Herzmuschel

Miesmuschel

Amerikanische
Scheidenmuschel

Amerikanische
Bohrmuschel

Pazifische
Felsenauster

Sandklaffmuschel

bedroht, ist sie in einem Höllentempo im Sand verschwunden. Für einen Zentimeter benötigt sie gerade mal eine Sekunde.

Die Amerikanische Bohrmuschel wird nette sieben Zentimeter groß und ist Anfang des 20. Jahrhunderts ebenfalls als blinder Passagier mit großen Schiffen nach Deutschland eingewandert. Sie wird wegen ihrer Form auch gern „Engelsflügel" genannt.

Die Pazifische Felsenauster ist eine der größten Muschelarten in Nord- und Ostsee. Ihre eigentliche Heimat ist Japan. Mittlerweile ist sie in allen Ozeanen dieser Welt zu Hause. Sie ist knallhart, sodass sich Vögel und Krebse gern mal Schnabel und Zangen an ihr ausbeißen. Mit bis zu 40 Zentimetern hat sie eine imposante Größe.

Die schon von den Wikingern aus Nordamerika mitgebrachte Sandklaffmuschel hat ihren Namen von dem kleinen Spalt, der zwischen ihren Schalen immer offen bleibt. Sie ist vor allem in der Ostsee zu finden und mit einer Größe bis zu 15 Zentimetern kaum zu übersehen.

Nehrung im Naturschutzgebiet
Grüner Brink auf Fehmarn.

Nehrung

Wer sich mit den deutschen Küsten beschäftigt, dem begegnet des Öfteren das Wort „Nehrung". Letztlich ist eine Nehrung nichts anders als ein schmaler Landstreifen, der eine flache Meeresbucht (→ *Bucht*, → *Haff*) vom offenen Wasser abtrennt. Meist besteht sie aus Sand. Nehrungen sind typisch für die → *Ostsee*, die kaum den → *Gezeiten* unterworfen ist.

Noor

Noore sind Endstücke von → *Förden* und anderen Meeresarmen. Durch Verlandung wurde ihre einst gute Verbindung zum Meer jedoch (fast) komplett gekappt, wodurch Noore zu Binnenseen wurden.

Zu den bekanntesten Nooren an der → *Ostsee* zählt das Windebyer Noor am Ende der Eckernförder → *Bucht*. Auf dem über Jahrtausende angespülten Strandwall zwischen dem rund 390 Hektar großen Noor und der Ostsee hat heute die gesamte Altstadt von Eckernförde Platz.

Mit etwa 100 Hektar Fläche deutlich kleiner ist das Haddebyer Noor in der Nähe von Schleswig an der Schlei, das wiederum im

Das Windebyer Noor bei Eckernförde war
früher mit der Ostsee verbunden.

Süden eine direkte Verbindung zum Selker Noor hat. Das Haddebyer Noor hat seinen Bekanntheitsgrad in erster Linie der → *Wikinger*-Siedlung Haithabu zu verdanken, die am westlichen Ufer des Noors entdeckt wurde. Einmal um das Noor herum führt ein rund fünf Kilometer langer Wanderweg. Wer seinen Spaziergang damit verbinden möchte, die Geschichte der frühmittelalterlichen Stadt besser kennenzulernen, sollte im Wikinger-Museum Haithabu in Haddeby Station machen.

„Noor" wird – regional unterschiedlich – auch anstelle der Bezeichnungen → *Haff* und → *Bodden* genutzt.

Nord-Ostsee-Kanal Eine Abkürzung um

250 Seemeilen (über 450 Kilometer) – kein Wunder, dass schon früh darüber nachgedacht wurde, → *Nord*- und → *Ostsee* durch einen Kanal mitten durchs Land zu verbinden. Nur so können Seefahrer den langen Weg um Dänemarks Nordspitze Skagen vermeiden.

Erste Pläne gab es bereits im 16. Jahrhundert. Den ersten Schritt machte der Dänenkönig Christian VII. Er ließ den „Schleswig-

Der Nord-Ostsee-Kanal ist die am meisten
befahrene Seefahrtsstraße der Welt.

Holstein Kanal", auch „Eiderkanal" genannt, bauen. Nach sieben
Jahren Bauzeit wurde die Verbindung 1784 eingeweiht. Sie
reichte von Kiel bis zum Flemhuder See, einem See der → *Eider*.
Von dort aus fuhren die → *Schiffe* weiter über die Eider und dann
bei Tönning in die Nordsee.

Rund 80 Jahre später konnten die Maße des Eiderkanals jedoch
bereits nicht mehr mit denen der sich schnell weiterentwickeln-
den Dampf- und Kriegsschiffe mithalten. Eine neue Lösung
musste her. Der preußische und spätere Reichskanzler Otto von
Bismarck hatte es sich in den Kopf gesetzt, Schleswig-Holstein
militärisch zu stärken. Schließlich war das Gebiet nach dem
Deutsch-Dänischen Krieg von 1864 – unter anderem geführt in
der Schlacht bei → *Missunde* – gerade erst zur preußischen Pro-
vinz geworden. Bismarck wollte einige strategische Stützpunkte
in den Norden verlegen. Eine Durchfahrt für die Marine passte
da gut in die Pläne des Mannes, der einem → *Fisch* zu seinem
hoheitlichen Namen verhalf (→ *Fischbrötchen*). 1885 war es so
weit. Bismarck hatte, was er für den Baustart brauchte: die Unter-
schrift von Kaiser Wilhelm I., der es sich dann auch nicht nehmen ließ, am 3. Juni 1887 in Kiel den Grundstein für den neuen

Kanal zu legen. Es folgte ein Mammutprojekt: Nach acht Jahren Bauzeit, in denen rund 80 Millionen Kubikmeter Erdreich bewegt wurden, kam wieder ein Wilhelm, um den Schlussstein zu legen: Es war Kaiser Wilhelm II., ein Enkel des Grundstein-legers.

Der Kanal, der bis 1948 noch „Kaiser Wilhelm-Kanal" hieß, wurde mehrfach erweitert und ist heute die meistbefahrene künstliche Seeschifffahrtsstraße der Welt. Die ‚Kleinen' (Sport-schiffe etc.) nicht mitgezählt, nutzten allein im Jahr 2015 über 30 000 Schiffe mit insgesamt über 90 000 Tonnen Ladung den fast 100 Kilometer langen Nord-Ostsee-Kanal (NOK). In der internationalen Schifffahrt wird er als „Kiel Canal" bezeichnet.

Für Touristen ist der Nord-Ostsee-Kanal jedoch nicht nur span-nend, weil die gigantischen Containerschiffe ihn passieren, die man sonst nur in großen Häfen oder als Umriss in weiter Ferne sieht. Der Nord-Ostsee-Kanal ist auch der ‚rote Teppich' für Prinzessinnen: 2016 gaben sich unter anderem die „Ocean Princess" und die „Pacific Princess" die Ehre – zwei von rund 60 Kreuzfahrtschiffen, die in dem Jahr die Route durchs Land genommen haben. Aktuelle Pläne, welches Traumschiff wann wo zu sehen ist, gibt es auf zahlreichen privaten Seiten von NOK-Fans und auf den Seiten des Wasserstraßen- und Schifffahrtsamts Kiel-Holtenau.

www.wsv.de/wsa-ki (Schifffahrt, Kreuzfahrer im Kanal)

Nordsee Die Nordsee ist ein Nebenmeer des Atlantiks

mit rund 575 000 Quadratkilometern Ausdehnung. Da sie auf dem europäischen Kontinentalschelf liegt, ist sie mit durch-schnittlich 94 Metern relativ flach. Ihre südöstlichste, die Deut-sche → *Bucht* erstreckt sich von den Westfriesischen → *Inseln* in den Niederlanden über die Ostfriesischen und Nordfriesischen Inseln bis an die dänischen Wattenmeerinseln vor Jütland. Die zentrale Insel der Bucht ist Helgoland, die nordwestliche Abgren-zung die in der Nordsee liegende Doggerbank. Nördlich von Ska-gen in Dänemark geht die Nordsee in ihr eigenes Nebenmeer über, die → *Ostsee*. Der Salzgehalt beträgt bis zu 3,5 Prozent in der nördlichen Nordsee. An den flachen Küsten soll die Temperatur im Sommer unglaubliche 25 °C erreichen können (gefühlt sind es meist höchstens um die 18 °C), im Winter 10 °C, manchmal friert sie dort sogar zu.

Erst vor etwa 12 000 bis 8000 Jahren erhielt die Nordsee ihre heutigen Umrisse, als das Schmelzwasser der letzten Eiszeit die Weltmeere um 80 bis 100 Meter ansteigen ließ – ein Prozess, der bis heute anhält (durchschnittlich 33 Zentimeter pro Jahrhundert!). Die Nordsee ist eines der verkehrsreichsten Meere (→ *Schiff*) und ein bedeutendes Fischereigebiet (→ *Fisch*, → *Krabben*). Außerdem kann man an ihrer Küste sehr schön Urlaub machen (→ *Seebad*), am besten in einem → *Strandkorb*.

Die → *Gezeiten* sind die eigentlichen, prägenden Erscheinungen dieser ‚atmenden‘ Landschaft, die sich praktisch stündlich verändert. Auch die Landkarte der Nordseeküste zeigt ein sehr abwechslungsreiches Bild: im nordfriesischen → *Wattenmeer* eine verwirrende Formenvielfalt der Inseln und → *Halligen*, die verraten, dass hier verschiedene erdgeschichtliche Entwicklungen das Land gestaltet haben, vor der ostfriesischen Küste hingegen eine harmonische Reihe von Inseln, die alle eine gleichartige Landschaftsform bilden. Während Sylt, Föhr und Amrum im Kern aus Moränen und Sandern der vorletzten Eiszeit vor etwa 150 000 Jahren bestehen (→ *Geest*) und mit der Entstehung der Nordsee am Ende der letzten Eiszeit getrennt wurden, sind Pellworm und die heutige → *Halbinsel* Nordstrand Reste von viel später entstandenen → *Marschen*. Getrennt wurden sie erst bei der großen → *Sturmflut* von 1634. Nur → *Deiche* und → *Warften* bieten auf den heute teils unterhalb des Meeresspiegels liegenden Inseln Schutz vor der → *Flut*. Die Halligen im Gebiet der ehemaligen Küstenmarschen entstanden durch Schlickablagerungen. Die Ostfriesischen Inseln sind hingegen aus der Strömung und → *Brandung* geboren, die parallel zur Festlandküste an der Grenze zum Wattenmeer zunächst Sandplaten aufwarf, auf denen sich nach erstem Salzpflanzenbewuchs → *Dünen* bildeten. In deren → *Lee* wiederum konnte sich Schlick ablagern, sodass → *Salzwiesen* entstanden. Immer noch „wandern" die Ostfriesischen Inseln langsam von West nach Ost.

Die Hörnum-Odde, die Südspitze der Insel Sylt,
unterliegt dem ständigen Wandel durch das Meer.

Odde

Eine Odde ist eine Landzunge, also ein schmales Stück
Land, das ins Meer hineinragt. Gut zu erkennen ist die Form einer
Odde auf dem typischen Sylt-Autoaufkleber, der die Form der
Nordseeinsel abbildet. Der ausgeprägte Zipfel an der Südspitze
zeigt eine Odde, genau genommen die Hörnum-Odde. Vielleicht
müssen die Aufkleber jedoch bald in Neuproduktion gehen,
denn Sylt-TV hat bereits Anfang 2016 gemeldet: „Die Hörnum-
Odde ist tot." Anlass für diese beunruhigende Nachricht waren
→ *Sturmfluten*, die in der → *Nordsee* wüteten und dem mit Grä-
sern bewachsenen Sandzipfel im Süden der → *Insel* zu schaffen
machten. Seit vielen Jahren verliert die Odde an Substanz. Die
Insel schrumpft – auch wenn die Sylter immer wieder neuen
Sand vor ihren Küsten abladen und so die Veränderungsprozesse
ihrer Insel aufhalten wollen (→ *Küstenschutz*).
Die Amrumer Odde scheint dieses Schicksal (noch) nicht zu teilen. Die Landschaft aus → *Dünen*- und → *Strand*-Abschnitten im
Norden der Nordseeinsel Amrum ist das Zuhause vieler → *Seevögel*. Hauptsächlich Silber- und Heringsmöwen (→ *Möwe*)
haben sich hier häuslich niedergelassen und lassen sich von den

Spaziergängern, die auf den einfachen Holzplankenwegen durch die meterhohen Dünen wandern, kaum stören.

Ölzeug

Außen gelb und innen blau, schwer, nicht unbedingt figurbetont, aber absolut wind- und wasserfest: So könnte die Kurzbeschreibung für den Regenmantel lauten, der bis heute unter der Bezeichnung „Ölzeug" verkauft wird. Zwar ist das Ölzeug von heute nicht mehr aus ölgetränktem Stoff, sondern meist aus PVC-beschichtetem Material genäht, seinen Namen hat es trotzdem behalten. Zumindest eine Variante dieses typischen Küstenbewohner-Markenzeichens hängt in nahezu jedem Ort an der deutschen → *Nord-* und → *Ostsee* in den größeren Souvenirläden an der Kleiderstange. Nach wie vor gehört das Ölzeug zudem zum traditionellen Repertoire bei Ausstattern für Segler und andere Seeleute. Letztere haben sich bereits Ende des 19. Jahrhunderts mit dem gelben Mantel-Ungetüm vor Wind und Wetter geschützt. Wer fragt schließlich danach, wie man aussieht, wenn es stürmt und der Regen über Meer und Land peitscht.

Neuere, eher umgangssprachliche Bezeichnungen für den Wind- und Wettermantel der Seeleute sind „Regen"- oder „Friesennerz" (→ *Friesen*).

Wer ganz nach der ,Mode' auf See gehen möchte, sollte sich zusätzlich zum Ölzeug stilecht mit einem → *Südwester* ausstatten. Auch für Kostümfeste außerhalb des Nordens lässt diese Kombination keine Fragen offen: Darunter kann nur ein mit allen Meerwassern gewaschener Küstenbewohner stecken.

Ostfriesische Teekultur

Bis zu sechsmal am Tag, immer mindestens drei Tassen – Ostfriesen lassen sich gern Zeit für ihre Teestunden. Pro Kopf wird im äußersten Nordwesten Nordniedersachsens rund zehnmal so viel Tee getrunken wie im übrigen Deutschland. Vermutlich ist der ,Kaffee der Ostfriesen' über die benachbarten Niederlande eingeführt worden, die in Europa als Erste Geschmack an dem Getränk aus Indien fanden und Tee importierten. Auf jeden Fall hat das Heißgetränk aus getrockneten Pflanzenblättern bei den Ostfriesen eine zweite

Nach einem festgelegten Ritual wird in Ostfriesland der Tee veredelt: zuerst Kluntje, dann Sahne. Achtung: nicht umrühren!

Heimat gefunden – in einer ganz besonderen Mischung, vor allem aus Assam-Tees. Den ersten echten „Ostfriesentee" soll Johann Bünting 1806 zusammengestellt haben. Einmal von ‚ihrem' Tee überzeugt, ließen sich die Ostfriesen selbst durch Kontinentalsperren und Mangelwirtschaft in den Weltkriegen nicht von ihren ausgeprägten Teegewohnheiten abbringen. Es heißt sogar, im Zweiten Weltkrieg seien den Ostfriesen ein eigener ‚Teetrinkerbezirk' sowie Extrarationen Tee zugebilligt worden, da die Sorge bestand, die Bevölkerung würde sich sonst mit allen Mitteln zur Wehr setzen.

Am Tisch wird der Tee in Ostfriesland nach einem festgelegten Ritual zusätzlich veredelt: Zuerst → *Kluntje*, dann der schwarze Ostfriesentee und zum Abschluss ein wenig flüssige Sahne, die zunächst hinabsinkt und dann in kleinen Wölkchen wieder an die Teeoberfläche steigt. Und auch wenn ein kleiner Löffel neben der Tasse liegt: Der wird nur zum Hineingeben der Sahne gebraucht, umgerührt wird diese Mischung nicht. Stattdessen wird der Tee in drei ‚Schichten' genossen: milde Sahne, herber Tee und am Tassenboden der süße Zucker. Wer ungeduldig umrührt, enttarnt sich nicht nur sofort als Nicht-Ostfriese, er bringt sich zudem um das Geräusch der knisternden Zuckerkristalle und den Anblick der über den Tee ziehenden Sahnewölkchen. 2016 kam die Ostfriesische Teekultur zu einer besonderen Ehre: Sie wurde – als immaterielles Kulturerbe – in das bundesweite Verzeichnis der Deutschen UNESCO-Kommission aufgenommen. Darauf einen Tee!

Tipp: Im Ostfriesischen Teemuseum in der Stadt Norden kann man sich bei einer Teezeremonie in die Geheimnisse der Ostfriesischen Teekultur einweihen lassen.

www.teemuseum.de

Ostsee
Mit einer Fläche von rund 412 000 Quadratkilometern gilt die Ostsee als größtes Brackwassermeer der Welt. Eigentlich nur eine → *Bucht* am Rande der Ozeane, ist sie ein Nebenmeer der → *Nordsee*. Ihr Salzgehalt hängt vom Wasseraustausch mit dem Weltmeer ab und sinkt von West nach Ost. Er beträgt zum Beispiel westlich der sogenannten Darßer Schwelle nördlich von Rostock 1,7 Prozent, östlich davon nur noch 0,8 Prozent. Auch gibt es kaum → *Gezeiten*. Der tiefste Punkt liegt 459 Meter unter der Wasseroberfläche im Gotland-Becken südlich von Stockholm. Durchschnittlich ist die Ostsee, die auch „Baltisches Meer" genannt wird, aber nur 52 Meter tief. Sie erstreckt sich vom Kattegat bis zum Bottnischen und Finnischen Meerbusen; damit reicht die Wasserfläche von Göteborg im Westen bis nach St. Petersburg im Osten. Es gibt zahlreiche → *Inseln*, in Deutschland zum Beispiel Fehmarn, → *Rügen* und Usedom, sowie → *Halbinseln* wie → *Fischland-Darß-Zingst*. Auch wenn die Ostsee ein ‚sanfteres' Meer als die Nordsee ist, kommt bisweilen zu gefährlichen → *Sturmfluten*.

Als Verkehrsweg spielte die Ostsee bereits bei den → *Wikingern* und später für den Städtebund der → *Hanse* eine wichtige Rolle. Viele Hafenstädte an der Ostseeküste zeugen davon. Noch heute ist die Ostsee eines der am stärksten befahrenen Meere der Welt, auf dem zahlreiche → *Fähren* verkehren.

Entstanden ist sie wie die Nordsee vor rund 12 000 Jahren durch das Abschmelzen der Gletscher nach der letzten Eiszeit. An den Rändern hinterließen die Gletscher sehr fruchtbares Land, den ein oder anderen Findling (→ *Steine*) und Tonerde, aus der die Menschen des Mittelalters die berühmten Backsteinkirchen der Hansestädte Lübeck, Wismar, Rostock, Stralsund und Greifswald erbauten.

Die → *Küstenformen* der Ostsee, wie → *Bodden* und → *Buchten*, → *Förden*, → *Kliffs* und herrliche → *Strände*, sind vielfältig und ständig in Veränderung begriffen. An der Ostseeküste und auf den Ostseeinseln Schleswig-Holsteins und Mecklenburg-Vorpommerns grenzen oft Meer, Buchenwälder und Äcker direkt aneinander – einzigartig auf der Welt! So kann man das viel gerühmte „Baltische Blau", das Silbergrau der Buchenstämme, frisches Grün, das Gelb der blühenden Rapsfelder und des reifen Weizens oder die Herbstfarben des Laubwalds zugleich im Blick haben. Kein Wunder, dass die Ostseeküste eine der beliebtesten Urlaubsregionen Deutschlands ist. Schon früh wurden die ersten → *Seebäder* gegründet. Vermutlich wurde hier auch der → *Strandkorb* erfunden. Gesichert ist, dass das angebliche → *Friesen*-Lied („Wo die Nordseewellen trecken an den Strand") ursprünglich nicht auf die Nord-, sondern auf die Ostsee gedichtet wurde, nämlich 1907 von der aus Fischland-Darß-Zingst stammenden Heimatdichterin Martha Müller-Grählert.

Petuh

Eine so schöne Stadt wie Flensburg braucht ihre eigene Sprache. Hat sie auch. Nur leider ist das sogenannte Petuh längst vom Aussterben bedroht.

Das Flensburger Petuh ist ein Dialekt, der sich aus den Sprachen Deutsch, Dänisch, Plattdeutsch und Plattdänisch entwickelt hat. Gesprochen wurde dieses Kauderwelsch von den Petuhtanten. So wurden die – meist älteren – Damen genannt, die sich regelmäßig zu Ausflugsfahrten auf der Flensburger → *Förde* trafen, um bei Kaffee und Kuchen über Gott und die Welt zu debattieren. Der Begriff „Petuh" kommt aus dem Französischen: „partout", was übersetzt „immer", „überall" heißt.

So nett Petuh für unsere Ohren auch klingen mag, die Entstehungsgeschichte ist eigentlich gar nicht so schön. Denn Petuh ist in der Übergangszeit entstanden, als das damals noch dänische Flensburg preußisch wurde (1864/67). Jetzt war Deutsch die offizielle Umgangssprache, und die Dänen mussten sich, ob sie wollten oder nicht, anpassen. Daraus entstand dann das Petuh, für das die Dänen oft scharf kritisiert wurden.

Heute beherrscht kaum noch jemand diesen Dialekt. Die bekannteste Repräsentantin war Gerty Molzen (Delfs und Gerty), die Bücher und Hörspiele in Petuh-Deutsch veröffentlicht hat. Kleine Kostprobe gefällig? Na dann: „Danke, mein Liebbe, ich konnt chut noch ein Stück haben vun den Stoppfkuchen."

Pharisäer

„… denn in den Kaffee schwatt un stark, da is noch Rum mit in …" Diese Mischung aus Kaffee, Rum, Zucker und Sahne, „Pharisäer" genannt, hat einen festen Platz auf den Getränkekarten in Norddeutschlands Kaffeestuben. Die nordfriesische Gruppe Godewind hat dem ‚norddeutschen Nationalgetränk' in den 1970er-Jahren sogar einen eigenen Song gewidmet. Darin wird die Legende erzählt, auf die der Name „Pharisäer" zurückgeht. Es ist die Geschichte von Bauern auf der → *Insel* Nordstrand, die das Trinkverbot ihres Pastors umgehen wollten. Sie schütteten bei einer Taufe Rum in den Kaffee. Den sicher verräterischen Alkoholgeruch verdeckten sie mit einem Schlag Sahne. Der Pastor kam trotzdem dahinter. Sein empörter Ausruf angesichts dieses Verrats seiner Gemeindemitglieder: „Oh, ihr Pharisäer!"

Pier
Wer „der" Pier sagt, outet sich gleich als ‚Landratte'. Echte Seemänner und -frauen sagen immer „die" Pier. Gemeint ist aber in beiden Fällen dasselbe: eine von Menschen konstruierte Verlängerung des Festlands ins Meer hinein – meist, um so den Hafen zu erweitern, denn an beiden Seiten einer Pier können → *Schiffe* anlegen. Wird eine → *Mole* als Anlegeplatz genutzt, können die Begriffe auch synonym genutzt werden.

Weil „Pier" zudem eine so passende Bezeichnung für einen Ort ist, an dem man gut einen Halt einlegen kann, führen auch einige Restaurants, Kneipen und Ferienwohnungen „Pier" im Namen. Ein Beispiel dafür ist der Pier 7, eine Art Mini-Shoppingmeile mit Sonnenterrasse und Blick auf die anlegenden Kreuzfahrtschiffe im → *Ostsee*-Bad Warnemünde (→ *Seebad*).

Nicht Schiffe oder Touristen, sondern → *Fische* sollen mit dem „Pier" im zweiten Wortsinn angelockt werden: Der Begriff bezeichnet den Wurm, der – als Leckerbissen für Fische am Haken baumelnd – Angler zu einem original Küsten-Abendbrot verhelfen soll.

Plietsch
Schlau, klug, pfiffig, gewitzt und findig – das sind die Übersetzungen, die der „Sass", ein plattdeutsches Wörterbuch, für den Begriff „plietsch" anbietet. Das etymologische Wörterbuch erklärt ergänzend, „plietsch" sei zusammengezogen aus mittelniederdeutsch „polietsch" (politisch). Darüber, inwieweit Politik immer schlau gemacht wird, lässt sich sicher streiten, fest steht jedoch: Wer im Norden als „plietsch" bezeichnet wird, hat ordentlich was auf dem Kasten. Der NDR hat sogar bereits eine Wissenssendung nach diesem typisch norddeutschen Begriff benannt. In einer der Sendungen stand unter anderem die Frage im Mittelpunkt, ob Schokolade gesund sein kann. Der verantwortliche Reporter naschte sozusagen im Dienst der Wissenschaft. Ganz schön plietsch!

Poller

Als „Poller" werden in der Schifffahrt die Metallpilze oder -haken bezeichnet, die schon so manchen Touristen beim Flanieren am Hafen ins Straucheln gebracht haben, weil er seinen Blick auf der Suche nach fotogenen → *Möwen* über das Wasser schweifen ließ. Sie sind nicht sehr hoch, werden daher von Fußgängern leicht übersehen und dienen unweit der Hafenkante dazu, großen → *Schiffen* Halt zu geben. Dazu macht das Schiff mit sogenannten Trossen (besonders dickes Tauwerk) am Poller fest. In ,das Hafenbecken gerammte Schiffshaltestellen hingegen nennt man → *Dalben*.

Pricken

Ein vier bis sieben Meter hoher Birkenstamm, befestigt im Meeresboden – fertig ist die Pricke. Pricken zählen zu den Seezeichen: Hilfseinrichtungen, die auf dem Wasser für Sicherheit, Leistungsfähigkeit der Schifffahrt und den Schutz der Wasserstraße eingesetzt werden. Es sind die einfachsten festen Seezeichen. Ihr Einsatzgebiet ist das → *Wattenmeer*. Dort markieren sie, wie eine kleine Allee in Reihe stehend, → *Fahrwasser* wie → *Priele*.

Um → *Backbord* und → *Steuerbord* auseinanderhalten zu können, sind auch die Birkenstämme mit richtungsweisender Farbe ausgestattet: Um die Pricken auf der von See kommend linken Seite (Backbord) wird ein kurzes rotes Bändchen gebunden. Außerdem sehen sie ein bisschen aus wie ein mit dem Stiel in den Boden gesteckter Besen, da am oberen Ende immer etwas Astwerk stehen gelassen wird. Auf der rechten Seite (Steuerbord) werden die Äste hingegen nach unten gebogen und befestigt, sodass sie gut von den Besen zu unterscheiden sind. Da die Pricken, vor allem kleinere, unbedeutendere Fahrwasser markieren, ist manchmal auch nur eine Seite abgesteckt. Ist ein Fahrwasser nur mit Backbordpricken ausgestattet, sprechen Seeleute auch von einer „Besenstraße".

Aufgrund ihrer Sturmanfälligkeit muss ein Großteil dieser ,Straßen' jährlich neu gesetzt werden – eine schweißtreibende Angelegenheit, bei der die Männer der Wasser- und Schifffahrtsämter zum Teil hüfttief in Wasser und Schlick stehen, während die Kollegen aus einem Schlauchboot die neuen Pricken anreichen. Beim Setzen neuer Pricken bringt ein Mann die Spüllanze zum Einsatz, ein Werkzeug, mit dem ein Loch freigespült wird. An dieser Stelle drückt ein Kollege den neuen Stamm in den Boden. Auch das Rausziehen beschädigter Pricken erfordert eine Menge Muskelkraft. (Wer schon einmal versucht hat, einen im Watt stecken gebliebenen Gummistiefel wieder herauszuziehen, kann sich davon ein Bild machen.) Auf einigen Flächen kommen daher bereits sogenannte Prickensetzboote zum Einsatz. So ein Boot bietet nicht nur mehr Schutz vor Regen und Sonne sowie hydraulische Anlagen, die die Kräfte schonen, sondern es kann auch dicht an die Kanten der Priele heranfahren und spart den Arbeitern die dienstliche Wattwanderung.

Priel

Jeder Küstengänger in Schleswig-Holstein kennt diese mehr oder weniger großen Wasserrinnen im → *Watt* und im Schlick. Sie schlingen und verästeln sich landeinwärts und gehören zum typischen Küstenbild der → *Nordsee* einfach dazu. Außerdem lassen sich gut kleine und große Füße darin baden.
Ein Priel bildet die Hauptwege für das bei → *Flut* und → *Ebbe* ein- und ausströmende Meerwasser. So kann ein Priel auch bei Niedrigwasser noch voll mit Wasser sein. Vor seiner Mündung in das Meer liegt in der Regel eine → *Sandbank*. Desto stärker die Ebbe zieht, desto stärker ist auch die Ausfurchung des Priels. Es gibt sogar so tiefe Priele, dass ein → *Schiff* darin fahren kann. Während Priele als → *Fahrwasser* für die Küstenschifffahrt unentbehrlich sind, stellen sie für leichtsinnige Wattwanderer eine ernst zu nehmende Gefahr dar, denn bei Flut laufen die Priele als Erstes voll und schneiden damit den Weg zurück zum Festland ab.

Prömpeln

Geprömpelt werden kann überall da, wo es Bier in Beugelbuddeln (Flaschen mit Bügelverschluss) gibt – zum Beispiel in Dithmarschen (→ *Marsch*) und Flensburg. Prömpeln ist eine Geschicklichkeitsübung, bei der es darauf ankommt, den Flaschendeckel mit einem gekonnten Fingerschnippen auf den

Flaschenhals zu befördern – und zwar genau so, dass er nicht mit dem flachen, sondern mit dem unteren Ende auf der Flasche sitzt. In der Stadt an der → *Förde* gehört das Prömpeln inzwischen zum Flensburger Bier wie das Ploppgeräusch, das die Flaschen erzeugen, wenn sie mit dem richtigen Handgriff geöffnet werden.

Während das Ploppen durch die Werner-Comics von Rötger Feldmann alias Brösel bekannt wurde, hat das Prömpeln sich über YouTube eine Fangemeinde aufgebaut. Anlass ist ein Werbe-Video im Rahmen einer Stadtmarketingkampagne, das im Sommer 2016 online gestellt wurde. Die Idee des Kurzfilms: Wer Neubürger in Flensburg werden will, muss im Bürgerbüro zum ‚Einbürgerungstest‘ antreten, bevor er seine Papiere bekommt. Der Test: Prömpeln, bis der Deckel richtigherum auf der Flasche sitzt. Gedreht wurde tatsächlich im Bürgerbüro im Stil der versteckten Kamera, allerdings mit Freiwilligen, die sich auf den Spaß einließen. Nach ein paar Tagen hatten bereits über eine Million Menschen den Film gesehen.

Wie viele von ihnen den Einbürgerungstest bestanden hätten, ist zwar nicht bekannt, der Clip trat allerdings in kürzester Zeit einen wahren Siegeszug an: Bundesweit berichteten Medien über die prömpelnden Flensburger. Der Redakteur einer Zeitung aus Berlin war sich jedoch offensichtlich nicht ganz sicher, was es nun mit diesem kuriosen Test auf sich hatte. „Wie ernst gemeint dieses Aufnahmeritual ist, wollen wir an dieser Stelle nicht bewerten. Uns bleibt nur eins zu sagen: Sehr sympathisch, liebes Flensburg“, endete sein Artikel. Der dreiminütige Clip „Versteckte Kamera Bürgerbüro“ wurde übrigens sogar in Cannes ausgezeichnet: mit dem Goldenen Delfin in der Kategorie „Virals“ – und das ist jetzt ganz ernst gemeint.

Qualle

Quallen (auch: „Medusen") haben eine ähnliche Konsistenz wie Wackelpudding, denn sie bestehen zu 98 Prozent aus Wasser. Trotzdem sind sie unter anderem mit einem einfachen Nervensystem ausgestattet, um ihre Bewegungen zu koordinieren, sie haben Geschlechtszellen, um sich fortzupflanzen, und Sinnesorgane, die Licht wahrnehmen und bei einigen Arten sogar als Augen ausgebildet sind. Vom Boot oder Steg aus betrachtet, laden die gleichmäßigen, durch Kontraktionen verursachten Schwebebewegungen dieser fast durchsichtigen Lebewesen zu beruhigender Meditation ein.

Weniger meditativ kann eine Begegnung im Wasser sein, denn Quallen gehören zur Gattung der Nesseltiere. Letzteres ist – neben ihrem glibbrigen Körper – der Grund für häufig mit Quietschgeräuschen verbundene hektische Ausweichmanöver von Badenden in → Ost- und → Nordsee. Säugetiere auf zwei Beinen gehören zwar nicht in das Beuteschema dieser lautlos durchs Wasser gleitenden Jäger, eine Berührung der bei einigen Arten bis zu zehn Meter langen Tentakel kann trotzdem unangenehme Folgen haben. Denn Quallen sind gut bewaffnet: In ihren Fangarmen sitzen Nesselzellen, die zu den kompliziertesten Erfindungen im Tierreich zählen. Kommt es zu einer Berührung mit den Tentakelspitzen, baut sich in den Nesselzellen ein großer Druck auf, der sich wie ein Projektil mit einer kleinen giftgefüllten Injektionsspritze wieder entlädt und die Beute lähmen soll. Anschließend können die Quallen ihre derart ruhiggestellte Mahlzeit mit den Tentakeln in aller Ruhe genüsslich zur Mundöffnung ziehen. Bei größeren Arten kann dieses Schicksal → Fische und sogar andere Quallen treffen. Die kleineren Arten begnügen sich in erster Linie mit Larven anderer Meeresbewohner oder kleineren Krebsen. Für Menschen sind die meisten Giftspritzen der Quallen ungefährlich. Es gibt aber Arten, die es in sich haben und auch in deutschen Meeren zu Hause sind. So kann ein Tête-à-Tête mit einer an ihrer leicht rötlichen Färbung gut erkennbaren Feuerqualle schwere verbrennungsähnliche Verletzungen mit sich bringen. Da Quallen nicht gegen den Strom ‚schwimmen' können, hängt es entscheidend von der Windrichtung ab, ob gerade Quallenalarm ist. Tipp: Einfach auf vermehrte Quietschgeräusche aus der Badezone achten.

Ribnitz-Damgarten

Ribnitz-Damgarten, zwischen den → *Hansestädten* Rostock und Stralsund an der → *Bodden*-Küste gelegen, wird gern auch als Tor zum → *Fischland-Darß-Zingst* bezeichnet. Der Doppelname ist das Ergebnis einer nicht von allen Beteiligten freudig begrüßten ‚Hochzeit' der Städte Ribnitz (Mecklenburg) und Damgarten (Vorpommern), die 1950 beschlossen wurde. Beide Städte haben jedoch bis heute ihre eigene Seite im ‚Ehebett' – getrennt durch den Fluss Recknitz.

Seit 2009 nennt der Ort sich offiziell „Bernsteinstadt". Zu übersehen wäre die enge Verbundenheit mit dem → *Bernstein*-Handwerk aber auch ohne diesen Namenszusatz nicht. Schließlich lädt nicht nur das Deutsche Bernsteinmuseum zum Entdecken dieses wertvollen fossilen Baumharzes ein. In der Bernsteinschaumanufaktur bekommen Besucher Einblicke in die Bernstein-Schmuckproduktion und die eigenen Angaben nach größte Bernsteinverkaufsausstellung Europas. Das Edelstein- & Bernsteinzentrum wirft in seiner Inklusenschau einen Blick auf die tierischen und pflanzlichen Einschlüsse im Bernstein, und die Touristinformation logiert im „Bernsteinhaus" am Markt.

www.ribnitz-damgarten.de
www.naturschatzkammer.de (mit Edelstein- & Bernsteinzentrum)
www.ostseeschmuck.de (Bernsteinschaumanufaktur)
www.deutsches-bernsteinmuseum.de

Rostocker Heide

Heide gibt es nicht nur rund um das niedersächsische Soltau, wo Achterbahnen und andere schwindelerregende Attraktionen jahrein, jahraus tausende Besucher in den „Heide-Park" locken. Heidelandschaften gibt es auch vielerorts an der Küste, gleich um die Ecke von Rostock zum Beispiel. Die Rostocker Heide gilt mit rund 6000 Hektar Fläche als eines der größten zusammenhängenden Waldgebiete entlang der deutschen → *Ostsee*. Der Küstenwald mit einzelnen Heideflächen, der zu einem großen Teil aus Nadelhölzern besteht, zieht sich von Markgrafenheide bis zum Ostseebad Graal-Müritz (→ *Seebad*). Für Rostock war seine Heide einst ein echtes Schnäppchen: Als Fürst Borwin III. das Gebiet 1252 an die stark wachsende

→ *Hansestadt* verkaufte, bekam er gerade einmal 450 Mark für die damals rund 12 000 Hektar Land. Rostock hingegen erwarb durch den Handel ein riesiges Lager mit nachwachsendem (→ *Schiffs*-)Bau- und Brennmaterial.

Nach dem Zweiten Weltkrieg wurde die Rostocker Heide verstaatlicht. Nun knallte es durch den Wald. Allerdings nicht, weil Jäger unterwegs waren, sondern weil das Gebiet lange Zeit als militärische Übungsfläche genutzt wurde. Die Öffentlichkeit hatte erst nach dem Jahr 2000, als auch die letzten Schießanlagen geräumt waren, wieder Zugang zum kompletten Küstenwald, der seitdem nachhaltig bewirtschaftet wird. Heute ist die Rostocker Heide ein großes Erholungsgebiet, unter anderem mit über 60 Kilometern ausgeschilderten Wanderwegen und eigenem Kletterwald.

www.rostock.de (Urlaub und Freizeit/Rostocker Heide)

Roter Haubarg Eines vorweg: Der Rote Haubarg

ist nicht rot. Weder ist er aus rotem Backstein, noch ist er mit roten Ziegeln gedeckt. So mancher Tourist soll, vom Namen in die Irre geleitet, die Suche nach diesem historischen Bauernhaus aus dem 17. Jahrhundert erfolglos abgebrochen haben. Wer aber Ausschau hält nach einem großen weißen Hof mit reetgedecktem Dach, kann den nicht roten Roten Haubarg zwischen Husum und Friedrichstadt auf der → *Halbinsel* → *Eiderstedt* kaum verfehlen. Der Rote Haubarg ist einer von heute noch rund 45 dieser Riesenhöfe, die als „Haubarg" bezeichnet werden. Die architektonische Idee kommt aus Holland. „Alles unter einem Dach", würde der Slogan für diese Bauweise wohl heute lauten. Nicht nur die Landwirte selbst, auch die Angestellten und das Vieh wohnten zusammen.

Zum Bau des Roten Haubargs in der Nähe des Örtchens Witzwort gibt es eine Sage. Einst soll an seiner Stelle ein kleines Haus gestanden haben, in dem ein armer Mann wohnte, der sich ausgerechnet in die Tochter seines reichen Nachbarn verliebt hatte. Der wollte von dieser sich zart anbahnenden Verbindung nichts wissen. Das Ganze hatte also nicht viel Aussicht auf ein hollywoodreifes Happy End – wären da nicht eine entschlossene Mut-

Riesenhöfe werden auf Eiderstedt „Haubarg" genannt – von denen
der Rote, der heute weiß ist, zur Einkehr einlädt.

ter und ein geschüttelter Hahn gewesen. Die Kurzfassung: Der
reiche Nachbar wollte seine Tochter partout nicht an den armen
Mann geben. Der schloss einen Pakt mit dem Teufel: Seine Seele
gegen ein Haus, das ordentlich was hermacht. Vereinbarte Bauzeit: Exakt, bis am darauffolgenden Tag der Hahn den neuen Tag
bekräht. Dann sollte die Seele dem Teufel gehören. Gesagt, getan,
der Bauherr ging ans Werk und ließ sich nicht lumpen: 100 Fens-
terscheiben sollten den Prachtbau zieren. Kurz vor Morgen-
grauen kriegte der Auftraggeber es mit der Angst, gestand seiner
Mutter alles, die rannte in den Hühnerstall und schüttelte den
Hahn, der völlig verwirrt ob des unsanften Weckens zu krähen
anfing – und zwar exakt, bevor die 100. der kleinen Scheiben in
die unterteilten Fenster eingesetzt und der Bau vollendet war.
Noch mal Glück gehabt: Die Verliebten durften sich lieben und
hatten auch gleich ein ordentliches Dach über dem Kopf. Da war
es auch nicht weiter schlimm, dass es an einer Stelle im neuen
Heim zog, denn die 100. Scheibe wurde zwar immer wieder neu
eingesetzt, zerbrach aber jede Nacht wieder. Irgendwie musste
Satan seinem Ärger über den misslungenen Deal wohl Luft
machen.

Das Teufelswerk auf Eiderstedt ist der einzig öffentlich zugänglich Hauparg. Mit Vieh müssen sich Besucher die Räume im „Restaurant Roter Hauparg" heute nicht mehr teilen. Wie es war, im Hauparg zu leben und zu arbeiten, wird im Museumsbereich gezeigt – früher wie heute alles unter einem Dach.

www.roterhauparg.de

Rügen

Rügen liegt an der → *Ostsee*-Küste Vorpommerns und ist mit 926 Quadratkilometern die größte deutsche → *Insel*. Laut Tourismusinformation hat Rügen 140 Kilometer mehr Küstenlinie als die gesamte schleswig-holsteinische Ostsee, ist zehnmal so groß wie Sylt und bietet Urlaubern 100 Sonnenstunden pro Jahr mehr als München, und das liegt ja bekanntermaßen ziemlich weit im Süden. Zu bieten hat die ‚Rieseninsel' mit mehreren → *Halbinseln* und Schwesterinseln außerdem rund 60 Kilometer Sandstrand (→ *Strand*), sechs Ostseebäder (Binz, Sellin, Göhren, Baabe, Thiessow und Breege, → *Seebad*), eine Landverbindung über einen Damm sowie mehrere Nationalparks.

Zu diesen besonderen → *Schutzgebieten* zählt auch der Nationalpark auf der zu Rügen gehörende Halbinsel Jasmund. Der mit rund 3000 Hektar kleinste Nationalpark Deutschlands kam 2011 zu großen Ehren, als die UNESCO ihn zum Weltnaturerbe erklärte. Mit dem Buchen-Urwald, der zu den letzten unversehrten Wäldern Europas zählt, und der weißen → *Kreideküste auf Rügen* hat Jasmund nicht nur bei den Mitgliedern der UNESCO-Jury Eindruck hinterlassen. Bereits 1818 inspirierte der Kreidefelsen auf Rügen den Maler Caspar David Friedrich zu seinem gleichnamigen Bild. Zu den Wahrzeichen der Kreideküste – und der ganzen Insel – gehört mit dem 118 Meter hohen → *Königsstuhl* zudem ein ‚Möbel' der besonderen Art.

www.ruegen.de

Rungholt

Rungholt galt über Jahrhunderte als eine Art Atlantis vor der nordfriesischen Küste. Versunkene Städte haben schon immer die Fantasie angeregt – im Falle von Rungholt war das nicht anders. So gibt es eine ganze Reihe Sagen, die sich unter anderem damit befassen, warum die Stadt versunken ist. Die beliebteste These: Die Bewohner hatten sich der Verachtung Gottes strafbar gemacht, der ihr Land daraufhin kurzerhand überflutete.

1921 wurde die versunkene Stadt im → *Watt* Stück um Stück vom Meer wieder aufgedeckt. Die sichtbarsten Zeichen waren gemauerte Ringe von Brunnen. Bis heute werden zudem um die → *Hallig* Südfall herum immer wieder Überreste, zum Beispiel von Haushaltsgegenständen, gefunden. Ursprünglich soll Rungholt nordwestlich der → *Insel* (heute → *Halbinsel*) Nordstrand vor Husum gelegen haben. 1362 oder bei einer späteren großen → *Sturmflut* wurde die einst für den Norden wichtige Handelsstadt dann wortwörtlich von der Landkarte gespült.

Forschungen haben später ergeben, dass die Bewohner vermutlich unter anderem mit Salz, Vieh und → *Bernstein* gehandelt haben. Aufgrund der Funde, die im Rungholt-Watt gemacht wurden, wird zudem davon ausgegangen, dass die Rungholter Kontakte nach Spanien und in arabische Länder hatten.

Wer mehr über Rungholt erfahren möchte, sollte einen Abstecher zum Rungholtmuseum Bahnsen auf Pellworm einplanen. Geführt wird es von Helmut Bahnsen. Der Fischer machte Anfang der 1970er-Jahre rund um Pellworm erste Funde untergegangener Siedlungsflächen – und war so fasziniert, dass er in den 1980er-Jahren das kleine private Museum aufbaute, in dem die von ihm gefundenen Zeugnisse vergangener Zeiten zu sehen sind. Außerdem bietet er Wanderungen im Watt zu den Fundstellen an. Wem das nicht reicht, der kann sich im Kalender schon einmal das Datum der kommenden Rungholttage markieren. Zu diesem Ereignis treffen sich an einem langen Wochenende im Sommer alle Rungholtkenner und neugierige Besucher auf Nordstrand, um drei Tag lang Vorträge zu hören und Exkursionen rund um das Atlantis des Nordens zu unternehmen.

www.insel-museum.de
Infos zu den Rungholttagen: www.rungholt-gesellschaft.de

Salzhaff

Das Salzhaff ist ein → *Haff* mit ungewöhnlich hohem Salzgehalt im Wasser. Den Austausch mit der → *Nordsee* pflegt dieses innere → *Küstengewässer* in der westlichen → *Ostsee* bei Wismar über eine rund neun Meter tiefe Rinne. Auch die Süßwasserversorgung ist, unter anderem über einen Zufluss zum Hellbach, gesichert. Sie fällt im Mischungsverhältnis jedoch nicht so sehr ins Gewicht. Zahlreiche Pflanzen- und Tierarten haben es sich in dem recht salzigen Brackwasser des → *Haffs* gut eingerichtet. Auch für zweibeinige Ausflügler bietet das Gebiet um das Salzhaff beste Urlaubsbedingungen, hat es doch laut Berechnungen des Deutschen Wetterdiensts jährlich durchschnittlich rund 1700 sonnige Stunden aufzuweisen. Eine → *Nehrung* trennt das Salzhaff mit seinen artenreichen → *Salzwiesen* von der Mecklenburger → *Bucht*. Das über 2000 Hektar große Salzhaff ist Teil des → *Schutzgebiets* Küstenlandschaft Wismar-Bucht.

Salzwiese

Salzwiesen findet man vor allem an der → *Nordsee* oberhalb der mittleren Hochwassergrenze. Doch was genau ist eine Salzwiese überhaupt? Kurz erklärt: Auf der einen Seite ist → *Watt*, auf der anderen → *Deich*, und dazwischen liegt die Salzwiese. Sie bildet sozusagen die Brücke zwischen Meer und Land. Wer genauer hinsieht, stellt fest, dass ganz verschiedene Salzpflanzen darauf wachsen. Salzwiesen sind gute Helfer bei der Verlandung und beste Grünfutterlieferanten. Noch bis in die 1990er-Jahre gehörten Salzwiesen mit weidenden → *Schafen* zum gewohnten Bild an der Nordseeküste. Mittlerweile werden fast die Hälfte der Salzwiesen nicht mehr als Weideland genutzt. Nicht zuletzt stellt dieser Lebensraum besondere Anforderungen an Pflanzen und Tiere. Eine davon: Salzwiesen liegen eben nur wenig über dem mittleren Hochwasserstand und werden jährlich bis zu 250-mal von Salzwasser überflutet. Da ist dann die Nahrung erst einmal weg.

Salzwiesen entstehen, weil jede → *Flut* Schwebteilchen ins ufernahe Watt schwemmt. Wenn zur Hochwasserzeit die Strömung für kurze Zeit ruht, sinkt feines Material ab und bildet nach und nach eine Schlickschicht. Wenn der Schlick hoch genug angelan-

Salzwiesen – hier bei St. Peter Ording – sind die Brücke zwischen Land und Meer. Sie werden jährlich bis zu 250-mal von Salzwasser überflutet.

det ist, siedelt sich der Queller an – eine sogenannte Pionierpflanze. Nach und nach wächst das Land vor dem Deich höher, im Durchschnitt ungefähr einen Zentimeter pro Jahr (→ *Landgewinnung*). Die Küstenbewohner versuchen bereits, den natürlichen Landzuwachs der Salzwiesen zu unterstützen. Beispielsweise entwässern parallel verlaufende Gräben (Grüppen) das → *Vorland*, und mit Reisig verfüllte Pfahlreihen (→ *Lahnung*) halten den Schlick fest. Vor den schleswig-holsteinischen Deichen und auf den nordfriesischen → *Halligen* gibt es aktuell über 10 000 Hektar Salzwiesen.

Sandbank Meere sind Großbaustellen ohne Projektende. Das beweisen schon die sich ständig verändernden → *Küstenformen*. Auch Sandbänke sind das Ergebnis der größtenteils unter der Wasseroberfläche stattfindenden Sand- und Kiestransporte, die – angetrieben durch die → *Gezeiten* – für immer neue und sich verändernde architektonische Werke des Meeres sorgen. Wird an einer Stelle im Meer besonders viel dieses Baumaterials abgelegt, entstehen meist lang gezogene Streifen aus Sand. Bei

Seehunde sonnen sich auf einer Sandbank
im nordfriesischen Wattenmeer.

ablaufendem Wasser (→ *Ebbe*) ragen sie aus dem Wasser heraus.
Wachsen sie weiter, lugen sie auch bei → *Flut* noch aus dem Was-
ser. Man nennt sie dann „Sände". Halten sie sich beständig über
der Meeresoberfläche, werden daraus → *Inseln*.
Während Sandbänke bei → *Seevögeln* und → *Seehunden* als ge-
mütlicher Pausenplatz beliebt sind, stehen sie bei Seeleuten nicht
gerade hoch im Kurs. Der Grund: Sandbänke neigen dazu, ihre
Position zu verändern, und sorgen mal hier, mal dort dafür, dass
→ *Schiffe* zu einer Zwangspause verpflichtet sind, weil sie auf
Sand laufen und mindestens bis zur nächsten Flut feststecken.
Zu den besonders wanderlustigen Sandbänken gehören der
→ *Kniepsand* vor Amrum und die Sandbank Blauortsand. Letz-
tere, eine rund 60 Hektar große Sandfläche in der Nähe von
Büsum an der deutschen → *Nordsee*-Küste, soll von 1938 bis 1962
über 30 Meter Richtung Osten gewandert sein.

Schaf Schaf auf → *Deich* ist neben → *Möwe* auf → *Dalbe*
eines der beliebtesten Fotomotive an der Küste. Ein Deich ohne
Schaf oder zumindest ohne ihre mal kugeligen, mal flatschen-

förmig ausgeprägten Hinterlassenschaften ist kaum vorstellbar. Und wer denkt, diese blökenden Wollknäule auf Beinen würden eh den lieben langen Tag nur fressen und verdauen, liegt grundfalsch: Schafe sind an den Küsten in erster Linie Deichschützer auf vier Beinen. Wenn sie fressen, tun sie es sozusagen im Auftrag des → *Küstenschutzes*. Ihr Job: Die Grasnarbe kurz und dicht halten und den Boden dabei ordentlich festtrampeln. Das spart die Mähmaschine, die womöglich den Deich zerstören würde, verhindert, dass lockere Bereiche am Deich entstehen, die durch Wind abgetragen werden könnten, und hält so ganz allgemein den Deich in Form.

Schietwetter Schietwetter ist Ansichtssache. Denn

selbst wenn es – zugegeben – an der Küste öfter mal ordentlich pustet, ist das noch lange kein Grund, das Wetter zu beschimpfen. Viel besser ist es, sich wetterfest anzuziehen (→ *Ölzeug*, → *Südwester*) und den Wind zu genießen.

Zum Aufwärmen danach bietet sich der Genuss einer Tasse Schietwetter-Tee an, eine Kräuterteemischung, die sich das Sylter Teehaus eigenen Angaben nach sogar beim Patent- und Markenamt hat eintragen lassen. Drin sind unter anderem Brombeer- und Erdbeerblätter, Fenchel, Himbeerblätter, Sonnenblumenblüten, Spitzwegerichblätter, Anis, Hagebuttenschalen, Haselnussblätter, Apfelstücke, Melissenkraut, Pfingstrosen- und Wollblumenblüten, Holunderbeeren und -blüten und Pfefferminzkraut. Na dann: Prost!

Schiff Die → *Nordsee* und die → *Ostsee* sind viel befahrene

Meere. Wo im Mittelalter Koggen (→ *Hanse*) und um 1900 stattliche Großsegler wie die Windjammer (englisch „Tall ships") unterwegs waren, fahren heute überwiegend motorbetriebene Fahrzeuge von → *Kutter* bis → *Fähre*, von Kreuzfahrer bis Containerriese. Aber auch Ausflugsschiffe, zum Beispiel zu den → *Seehund*-Bänken in der Nordsee, und Freizeitskipper mit ihren Yachten sind an den deutschen Küsten unterwegs. Manche „Seeleute" gehen auch auf → *Butterfahrt*.

Berühmte Kapitäne kamen früher von der → *Insel* Föhr und von der → *Halbinsel* → *Fischland-Darß-Zingst*, wo es private und staatliche Seefahrtschulen gab. Die Grönlandfahrt, also der Walfang, war einige Jahrhunderte lang Haupterwerbsquelle vieler Nordseeinselbewohner, wie man an den stattlichen Kapitänshäusern auf manchen Nordfriesischen Inseln ablesen kann (→ *Friesen*).

Hamburg ist heute am Güterumschlag gemessen der bedeutendste deutsche Seehafen, liegt aber bekanntlich nicht an der Nordseeküste, sondern etwa 100 Kilometer landeinwärts an der Elbe. Mit großem Abstand folgen Bremerhaven sowie Wilhelmshaven, Rostock, Lübeck und Bremen. Schiffswerften, auf denen nicht nur Container- und Kreuzfahrtschiffe, sondern zum Beispiel auch Yachten, Marine- und Versorgungsschiffe, Fischereifahrzeuge und Großtanker gebaut werden, gibt es in Hamburg, Wismar, Papenburg, Emden, Stralsund, Bremen, Wolgast und Flensburg.

Schleuderscheibe Zerlegt man das Wort „Schleuderscheibe" in seine Bestandteile, dämmert es einem meist schon: Irgendwas wird von einer Scheibe geschleudert. In dem Fall hauptsächlich Regen und was sonst noch so in der Seeluft liegt. Auf älteren Kreuzfahrtschiffen etwa kann man sie mitten in den großen Panorama-Fenstern auf der Brücke sehen. Es ist ein zusätzliches Mini-Fenster mit einem Durchmesser von höchstens 50 Zentimetern. Das Prinzip der Schleuderscheibe basiert auf der Zentrifugalkraft. Sie besteht aus einer feststehenden, wind- und wasserdichten inneren Scheibe und einer drehbaren äußeren Scheibe, die von einem Induktions-Elektromotor in der Mitte angetrieben wird. Mit 1300 bis 1600 Umdrehungen pro Minute rotiert die äußere Scheibe, sodass die Zentrifugalkraft Gischt, Regen, Eis, Schnee oder auf kleineren → *Schiffen* auch mal das Wasser von hochschwappenden Wellen nach außen schleudert und so für klare Sicht sorgt. Allerdings sollte man die Schleuderscheibe rechtzeitig vor dem Regen einschalten, denn sie benötigt gut 20 Sekunden, um auf die volle Umdrehungszahl zu kommen.

Seit 2009 gehören große Teile des Schleswig-Holsteinischen und Niedersächsischen Wattenmeers zum UNESCO-Weltnaturerbe.

Schutzgebiet „Auch in Europa gibt es Wildnis",
wird der Besucher der Homepage des Nationalparks Wattenmeer begrüßt. An Wattwürmer, Seepferdchen und Miesmuscheln (→ *Muschel*; *Wattwurm & Co.*) denkt dabei vermutlich kaum jemand. Dennoch sind genau sie und ihre zahlreichen weiteren Kollegen gemeint, die im und vom dunklen Schlick leben. Damit diese wenig ‚wilde' Wildnis erhalten bleibt, ist das → *Watten-meer* – als vogelreichstes Gebiet Europas und Deutschlands bedeutendster Naturraum – gleich mehrfaches Schutzgebiet. Der Nationalpark Schleswig-Holsteinisches Wattenmeer ist Biosphärenreservat der UNESCO (inklusive der → *Halligen*), Vogelschutz- und Fauna-Flora-Habitat-Gebiet der EU, Besonders Empfindliches Meeresgebiet der Internationalen Schifffahrtsorganisation (PSSA) und Feuchtgebiet internationaler Bedeutung nach der Ramsar-Konvention. Die Hamburger haben ihr Wattenmeer 1990 zum Nationalpark erklärt und die → *Insel* Neuwerk zusätzlich zum Biosphärenreservat. Das Niedersächsische Wattenmeer ist Nationalpark und Biosphärenreservat. Zum Weltnaturerbe der UNESCO gehört das Watt in allen drei Bereichen.

Doch nicht nur auf diesen wertvollen matschigen Saum zwischen Land und Meer wird an der Küste besonders aufgepasst. Unter Schutz stehen zum Beispiel auch der Nationalpark Jasmund auf → *Rügen* mit den Kreidefelsen (→ *Kreideküste auf Rügen*) und der Nationalpark Vorpommersche Boddenlandschaft, der mit fast 800 Quadratkilometern Fläche auf der → *Halbinsel* → *Fischland-Darß-Zingst* der größte Nationalpark Mecklenburg-Vorpommerns ist. Kleinflächiger geht es unter anderem auf der Insel Poel zu. Über 300 geschützte Biotope sind auf der Insel in der → *Ostsee* ausgewiesen, darunter → *Bodden*, → *Dünen* und → *Salzwiesen*.

Beispiel für ein Schutzgebiet mit komplettem Besuchsverbot ist die Insel Trischen, ein Vogelschutzgebiet vor der Dithmarscher Küste (→ *Marsch*). Ausgenommen von diesem Verbot ist nur ein Vogelwart, der die rund 1,8 Quadratkilometer große Insel jeweils von März bis Oktober ganz für sich hat. Und er hat gut zu tun, denn mehr als 6500 Brutpaare haben sich die ruhige Insel als ihr sicheres Zuhause auserkoren. Außerdem berichtet er regelmäßig auf den Seiten des NABU im „Trischen-Tagebuch" von seinen Erlebnissen als Einsiedler.

Darüber, was in einem Schutzgebiet erlaubt ist und was nicht, informieren die Hinweisschilder, mit denen die besonders geschützten Gebiete ausgewiesen sind.

www.nationalpark-wattenmeer.de
www.nationalpark-jasmund.de
www.nationalpark-vorpommersche-boddenlandschaft.de
www.ostseebad-insel-poel.de
www.nabu.de (Suchwort Trischen-Tagebuch)

Schweinswal
Schweinswale sind Miniaturausgaben der über fünf Meter langen Delfine, auch „große Tümmler" genannt. Diese „kleinen Tümmler", die unter anderem in → *Nord-* und → *Ostsee* heimisch sin, haben helle Bäuche und dunkle Rücken, eine dreieckige Rückenfinne und werden bis zu zwei Meter lang. Auf ihrem Speiseplan stehen unter anderem Heringe, Makrelen, Schollen und Flundern.

Heute zählen die Mini-Flipper besonders in der Ostsee zu den bedrohten Tieren. Immer wieder geraten sie in Fischernetze,

Miniaturausgaben der über fünf Meter langen Delfine: Schweinswale, auch „Tümmler" genannt. Sie sind in Nord- und Ostsee heimisch.

leiden unter dem Lärm von Schnellfähren und der allgemeinen Verschmutzung des Meeres. Seit Ende der 1980er-Jahre setzt sich der World Wildlife Fund (WWF) daher für den Schutz der Meeressäuger ein.

Übrigens: Das dänische Wort für Schweinswal ist „marsvin" – und heißt nicht nur „Schweinswal", sondern auch „Meerschweinchen". Verwechslungsgefahr dürfte da aber wohl kaum bestehen.

Seebad
Darunter meint sich wohl jeder etwas vorstellen zu können, doch Vorsicht: „Seebad" ist ein Prädikat. Es wird von den Bundesländern vergeben, und zwar ausschließlich an Ortschaften, in denen medizinische Einrichtungen zur Durchführung von Kurmaßnahmen vorhanden sind und das Seeklima im Kurbetrieb genutzt wird. Es muss also allerhand zusammenkommen, bis ein Ort sich „Seebad" nennen darf. Geschafft haben es an der schleswig-holsteinischen → *Nordsee*-Küste 16 Orte von A wie Amrum bis W wie Westerland auf Sylt und Wyk auf Föhr, an der niedersächsischen 20 von B wie Baltrum bis W wie Wangerooge und Wremen. An der → *Ostsee*-Küste Schleswig-Holsteins

Das älteste deutsche Seebad in Heiligendamm ist heute ein
Edel-Resort für die Reichen und Schönen.

gibt es 23 Seebäder und in Mecklenburg-Vorpommern gar 37:
von A wie Ahlbeck bis Z wie Zinnowitz (beide auf der → *Insel*
Usedom). Viele sind berühmt für ihre → *Seebrücken* und die
sehenswerte Bäderarchitektur, zum Beispiel die wie an einer Per-
lenkette aufgereihten Seebäder Binz, Sassnitz, Sellin und Baabe
an der Ostküste → *Rügens*. Den Rang als ältestes Seebad bean-
spruchen an der Nordsee → *Dangast* und Norderney für sich
(beide 1797), an der Ostsee Heiligendamm bei Doberan (1794).
Seebäder dürfen den Titel ganz offiziell im Ortsnamen führen,
meist nennen sie praktischerweise auch das Meer dazu wie zum
Beispiel „Nordseebad Cuxhaven" oder „Ostseebad Boltenhagen".

Seebrücke Schon mal in Heringsdorf auf der → *Insel*
Usedom in der → *Ostsee* über diese ewig lange Seebrücke gelau-
fen? Nein? Dann mal los. Denn sie ist mit 508 Metern die längste
Seebrücke in Deutschland.
Seebrücken findet man überall dort, wo es eine See gibt. Das ist
jetzt keine große Überraschung, aber sollte an dieser Stelle trotzdem erwähnt sein.

Seebrücke Heiligenhafen

Seebrücke Zingst

Seebrücke Prerow

Seebrücke Sellin

Gefertigt sind Seebrücken aus Holz-, Stahl- oder Betonpfählen. Diese werden tief im Erdreich versenkt und gleichmäßig vom Ufer hinaus aufs Meer, auf den Fluss oder den See platziert. Im Unterschied zu einer → *Pier* oder einer → *Mole* ist eine Seebrücke kein aufgeschüttetes Bauwerk. Seebrücken kommen vor allem den → *Schiffen* mit größerem Tiefgang zugute. Oft können diese nicht im Flachwasser vor Anker gehen, dafür dann allerdings an einem der Pfähle der Seebrücke anlegen. So überbrücken Seebrücken den Weg vom Land ins Wasser.

Heutzutage dienen Seebrücken allerdings mehr den Badegästen und Spaziergängern als Flanierweg und zum Beinebaumelnlassen.

Seehund

Die zur Familie der Robben gehörenden Meeressäugetiere sehen zwar niedlich aus, Seehunde sind aber Raubtiere, die sich von → *Fischen* und Krebstieren in der → *Nordsee* ernähren. Ihr Lebensraum sind die Sände (→ *Sandbänke*) seewärts der → *Inseln*, → *Halligen* und des → *Wattenmeers*, die bei → *Ebbe* trockenfallen, teilweise aber auch bei → *Flut* noch aus dem Meer herausragen und abfallende Kanten zu → *Prielen* und Wasserströmen haben, über die die Tiere bei Gefahr sofort das Wasser erreichen und tief tauchen können. Im Bereich der Nordfriesischen Inseln sind Seehunde auf den Sänden vor Sylt am Lister Tief und westlich von Amrum anzutreffen. Auch vor allen Ostfriesischen Inseln gibt es Seehundbänke. Im Juni werden die Jungen auf den Sänden geboren. Sie sind sofort „wasserfest" und können schwimmen, was im Fall einer → *Sturmflut* ziemlich wichtig ist. Gelegentlich werden sie auch als (scheinbar) vom Muttertier verlassene „Heuler" am Inselstrand gefunden. Man sollte sich ihnen aber lieber nicht nähern und sie erst recht nicht anfassen, denn nur die wenigsten sind wirklich Waisenkinder. Meistens ist Mama Seehund einfach auf Futtersuche und kommt wieder – wenn kein Mensch in der Nähe ist. Das herzzerreißende Heulen des Seehundbabys dient ihr zur Orientierung.

Ende der 1950er-Jahre ist eine Verwandte des Seehunds, die Kegelrobbe, von den britischen Küsten kommend eingewandert. Ihre einzigen Kolonien in der Deutschen → *Bucht* liegen südlich von Sylt und westlich von Amrum auf Hörnumknob und Jung-

Junge Kegelrobbe. Nach Sturmfluten kommen die Jungen
an den Strand und haben vor Menschen keine Scheu.

namensand, auf der Kachelotplate südwestlich der Ostfriesischen
Insel Juist sowie auf der Düne von Helgoland. Von den Seehunden unterscheiden sie sich durch ihren kegelförmigen Kopf, die
Männchen außerdem durch dunkleres Fell und größere Länge
(bis zu drei Meter!), aber vor allem durch die Tatsache, dass ihre
Jungen mitten im Winter, zwischen November und Januar, geboren werden.

Seit Anfang der 1970er-Jahre dürfen Seehunde und Kegelrobben
nicht mehr gejagt werden, der amtlich bestellte „Seehundjäger"
ist nur für ihren Schutz zuständig. Ausflugsschiffe unternehmen
von fast allen nord- und ostfriesischen Fährhäfen (→ *Fähre*) Touren zu den Seehundbänken im Nationalpark Wattenmeer.

Seemannsgarn
Seemannsgarn ist die Wolle von
Riesenschafen, aus der Seemannspullover gestrickt werden, die
nicht nur warmhalten, sondern auch absolut wasserdicht sind.
Nein – das war nun wirklich Seemannsgarn. Als solches bezeichnet werden nämlich Geschichten, die entweder frei erfunden sind
oder in denen maßlos übertrieben wird. Zwar ist das Seemanns-

garn kein Garn, die Bezeichnung hat aber trotzdem etwas mit einem Garn zu tun. Sie soll vom „Schiemannsgarn" abgeleitet sein – recyceltem altem Tauwerk, mit dem Leinen umwickelt wurden, um sie zusätzlich zu stärken. Da das weder anstrengend noch anspruchsvoll war, erzählten sich die Männer dabei Geschichten, am liebsten von Begegnungen mit gigantischen und natürlich mordsgefährlichen Kraken und anderen, vom jeweiligen Erzähler nur knapp, aber mit fast ebenso gigantischem Heldenmut bestandenen Abenteuern. Mithalten können da nur „Räuberpistolen" und „Jägerlatein".

Seenot
Wenn's extrem wird, droht Seenot: extrem windig (→ *Sturmflut*), extrem niedrig (→ *Ebbe*, → *Strandung*), extrem löchrig (→ *Schiff* kaputt), extrem leichtsinnig (→ *Gezeiten*-Kalender vergessen bei der → *Watt*-Wanderung). Dann ist es beruhigend zu wissen, dass es die Deutsche Gesellschaft zur Rettung Schiffbrüchiger (DGzRS) gibt, die ihre Seenotretter losschickt, wenn jemand über Bord gegangen ist, ein Schiff zu sinken droht oder Wattwanderer hilflos vorm volllaufenden → *Priel* stehen.

Seit Gründung der Deutschen Gesellschaft zur Rettung Schiffbrüchiger 1865 wurden mehr als 75 000 Menschen aus Seenot geborgen.

An den deutschen Küsten von → *Nord-* und *Ostsee* ist bei jedem Wetter und rund um die Uhr eine Flotte von 60 Seenotkreuzern und Seenotrettungsbooten einsatzbereit. Die rund 180 fest angestellten und etwa 800 freiwilligen Seenotretter haben im Jahr 2016 in 677 Einsätzen 2019 Personen gerettet. Die 1865 gegründete, ausschließlich durch Spenden und freiwillige Zuwendungen finanzierte Seenotrettungsgesellschaft mit Sitz in Bremen gehört zu den größten gemeinnützigen Hilfsorganisationen in Deutschland. Die kultigen rot-weißen „Sammelschiffchen" haben Sie bestimmt schon mal an einer Ladenkasse oder am Tresen gesehen – und hoffentlich was reingetan!

www.seenotretter.de

Seestern

Diese bisweilen an der → *Flutlinie* angespülten Verwandten der Seeigel werden wissenschaftlich „Asteroida" genannt und gehören zur Familie der Stachelhäuter. Seesterne können einen Körperdurchmesser von 15 bis zu 50 Zentimetern erreichen. Die meisten Seesterne haben fünf Arme, manche Arten aber sogar bis zu 50. Arme, die verloren gehen, wachsen praktischerweise innerhalb von wenigen Wochen nach. An der Unterseite des Seesterns befinden sich vier Reihen kleiner Füßchen mit Saugnäpfen, die er zur Fortbewegung nutzt. Ebenfalls an der Unterseite ist die Mundöffnung. Auf der Oberfläche hat der Seestern viele Stacheln, deshalb kann es schmerzhaft sein, wenn man versehentlich darauf tritt. Ihre Hauptnahrung sind Miesmuscheln (→ *Muschel*), die sie ansaugen und mit Hilfe ihrer Arme öffnen. Andererseits sind sie selbst Beute großer → *Möwen*. Sie können nur in Salzwasser überleben und bevorzugen daher die → *Nordsee*. In der → *Ostsee* lebt nur ein einziger Seestern, der fünfarmige „Gemeine Seestern".

Seevögel

Das Kreischen, Quietschen, Zwitschern und Tschilpen der zahllosen Seevögel gehört zur Geräuschkulisse der Küsten wie das Rauschen der Brandung und das Brausen des Sturms. Es gibt Schwimm- und Watvögel, Vegetarier aber gibt es

Austernfischer

Brandgans

Säbelschnäbler

Brachvogel

Eiderente mit Jungen

Rotschenkel

Flussseeschwalbe am Nest mit Jungen

unter den Seevögeln nicht. Brut- und durchreisende → *Zugvögel* fühlen sich gleichermaßen wohl an den deutschen Küsten. Große Flächen sind als → *Schutzgebiet* ausgewiesen, manche unbewohnten → *Inseln*, → *Halligen* und Sände (→ *Sandbank*) sind ganz der Vogelwelt überlassen.

Keine Landschaft der Erde weist größere Vogelmengen auf als das UNESCO-Weltnaturerbe → *Wattenmeer* – ein Paradies für Vogelkundler und alle, die es werden wollen. Grundlage dieses Reichtums ist das Nahrungsangebot: bei → *Ebbe* an Flohkrebsen, Würmern, Schnecken und → *Muscheln*, bei → *Flut* an → *Fischen* und sonstigem Seegetier. Und die Köge hinter den → *Deichen* bieten sturmflutsichere Brutplätze. Hier an der → *Nordsee*-Küste brüten zum Beispiel Austernfischer, Brandgans, Eiderente, → *Möwe*, Rotschenkel, Säbelschnäbler, Seeregenpfeifer und Seeschwalbe.

Charakteristische Vogelarten an der → *Ostsee*-Küste sind Mittelsäger, Reiherente, Eiderente, Flussuferläufer, Silbermöwe, Fluss- und Küstenseeschwalbe, Kormoran und Watvögel wie der Rotschenkel. Der Bestand des Seeadlers erholt sich derzeit deutlich von seinem Tiefstand in den 1950er-Jahren, als die ersten Seeadler wieder begannen, im Land zu brüten. An den Steilküsten der Ostsee (→ *Kliff*, → *Küstenformen*) nisten Uferschwalben, die zwar keine Seevögel im strengen Sinn, aber natürlich auch an den Küsten zu Hause sind. Sie werden nur etwa zwölf Zentimeter lang, können dafür aber bis zu 50 Stundenkilometer schnell fliegen. In den Wintermonaten ziehen sie sich in wärmere Gefilde zurück, Zentralafrika, Nordwestafrika und Südamerika sind ihr Ziel.

Siel
Durchlass im → *Deich* für die Entwässerung der → *Marsch*. Die Tore der Siele öffnen sich selbsttätig bei → *Ebbe* und schließen sich bei → *Flut*. Viele Orte an der → *Nordsee*-Küste tragen das Wort im Namen, zum Beispiel Harlingersiel und Greetsiel.

Sommerdeich
Schon gewusst, dass ein → *Deich* nicht einfach nur ein Deich ist, sondern dass es einen Winter-, einen Haupt- und einen Sommerdeich gibt? Der Sommerdeich

ist ziemlich flach und mit einer Höhe von höchstens zwei Metern gerade einmal in der Lage, kleine Hochwasser abzuhalten. An den deutschen Küsten werden die von Sommerdeichen geschützten Flächen „Sommerkoog", „-polder" oder „-groden" genannt. Sommerdeiche sind richtige Wellenbrecher, denn die höhere Winterflut (→ *Flut*) geht über sie hinweg, ohne dass sie einen Schaden anrichten kann. Daher ist auch die Böschung auf der Binnenseite flacher als auf der Seeseite. → *Hallig* Hooge hat Sommerdeiche, aber keine Winterdeiche. Hier wurden die Häuser zum Schutz vor Überflutungen auf Siedlungshügeln (→ *Warft*) errichtet.

Auch bei der → *Landgewinnung* spielt der Sommerdeich eine wichtige Rolle. Durch die regelmäßige Überflutung lagert sich dahinter ein Bodensatz ab, wodurch sich das Erdreich langsam erhöht.

Sperrwerk

Sperrwerke sind Bauten des → *Küstenschutzes*. Sie stehen in Flüssen, die stark von den → *Gezeiten* der Meere beeinflusst sind. Droht eine → *Sturmflut*, werden die Tore des Sperrwerks geschlossen. Die ‚schlechte Laune' des Meeres bekommt einen Riegel vorgeschoben, sodass sie sich nicht bis in die weit schmaleren Flüsse hinein austoben kann und vor allem die Bewohner des Umlands keine nassen Füße bekommen.

Das größte deutsche Sperrwerk ist das Eidersperrwerk. Es steht in Tönning, wo die → *Eider* in die → *Nordsee* mündet. Ausschlaggebend für den Bau des 1973 eingeweihten Sperrwerks waren die verheerenden Auswirkungen der Sturmflut von 1962, die bis nach Tönning zu spüren waren. Über 300 Menschen fielen dieser Flutkatastrophe zum Opfer, die meisten davon in Hamburg.

Bereits 1967 begann man mit dem Bau des Eidersperrwerks. Es hat eine doppelte Reihe mit je fünf Toren, die jeweils 40 Meter lang sind. Welche Tore wie geöffnet sind, hängt von der Wetterlage ab. Bei Normalbetrieb sind alle Tore geöffnet, das Wasser zwischen Nordsee und Eider kann ungehindert fließen. Bei → *Flut*, wenn das Wasser aus der Nordsee in die Eider drängt, werden die Tore halb gesenkt. So kann verhindert werden, dass mit der Flut viel Sand in die Eider getragen wird. Bei Sturmflut-

Das 1973 eingeweihte Eidersperrwerk schützt die Menschen eideraufwärts vor dramatischen Überflutungen.

betrieb ist kein Durchkommen: Alle Tore sind geschlossen. Die Nordsee muss ihre Toberei mit sich selbst ausmachen.

Erst seit 2002 in Betrieb und damit eines der modernsten Sperrwerke ist das Emssperrwerk bei Gandersum in Niedersachsen. Weitere Sperrwerke sind unter anderem das Sperrwerk Wischhafen in unmittelbarer Nähe der Elbfähre Glückstadt–Wischhafen, das Störsperrwerk an der Mündung der Stör in die Elbe sowie das Sperrwerk Greifswald-Wieck in Mecklenburg-Vorpommern, das 2016 für seine außergewöhnlich innovative Lösung im Hochwasserschutz sogar mit dem Deutschen Ingenieurbaupreis ausgezeichnet wurde.

Spökenkieker Wer von Natur aus Schwarzseher

und passionierter Pessimist ist, der kann sich in Norddeutschland schnell mal den Ruf des „Spökenkiekers" einfangen. Vor allem Menschen, die so etwas wie eine eigene Glaskugel haben und mit ihr immer nur Angst, Not und Schrecken voraussehen, sind Spökenkieker. Wenn man das Wort selbst auseinandernimmt, dann könnte es mit „Spuk-Gucker" übersetzt werden.

Das niederdeutsche Verb „spöken" kommt aus Schleswig-Holstein und heißt „spuken". Also das, was Gespenster tun, wenn sie ihr Unwesen treiben. So ist ein „Spöker" auch eine Spukgestalt. Im Flensburger Raum nennt man so zudem Menschen, die besonders zerlumpt und in abgerissenen Klamotten durch die Straßen ziehen.

Im Zuge der Traditionspflege wurde dem Spökenkieker in verschiedenen deutschen Städten ein Denkmal gesetzt.

Steine

Nichts gegen Sand am → *Strand*, aber die Steine, die man beim Spaziergang an der Küste einsammeln kann, haben auch ihren Reiz. Von denen, die man an → *Nord-* und → *Ostsee* findet, sind manche Milliarden Jahre alt und weit gereist. Das Meer hat sie in stetigem Wellenschlag aus den Ablagerungen herausgearbeitet und abgeschliffen, bis sie ihre runde Form erhalten haben und vor unsere Füße gespült wurden.

Oft findet man Granit aus den Tiefen der Erdkruste, den die Eiszeiten aus Skandinavien, aus Schweden, Norwegen, Finnland und dem Ostseeraum bis zur Nordseeküste geschoben und liegen gelassen haben. Richtig große Brocken sind die sogenannten Findlinge. Der größte und schwerste (Umfang 19 Meter, Gewicht 217 Tonnen) liegt in Hamburg am Elbstrand bei Övelgönne („Alter Schwede" genannt). Er wurde bei Elbvertiefungsarbeiten ausgebaggert, besteht aus Grauem Växjö-Granit und ist rund 320 000 Jahre alt.

Schon erwähnt wurden die → Feuersteine, die manchmal Löcher haben und dann „Hühnergötter" genannt werden oder die Abdrücke von fossilen → *Muscheln*, Schnecken, Korallen oder Schwämmen tragen. Manchmal findet man gut erhaltene versteinerte Seeigel mit dem typischen Strahlenmuster. Sie stammen aus der Kreidezeit, genau wie die „Donnerkeile", zigarrenförmige, bis zu 15 Zentimeter lange Abdrücke von frühzeitlichen Tintenfischen. Auf der Düne vor Helgoland gibt es sogar roten Feuerstein, ein begehrtes Sammlerstück.

Apropos Fossile und Sammlerstück: Der gern als Schmuck verwendete → Bernstein ist eigentlich kein Stein, sondern fossiles Harz.

Findlinge wie der „Schwanenstein" an der Küste Rügens bei Lohme am nördlichen Rand der Halbinsel Jasmund sind Hinterlassenschaften der Eiszeiten.

Sandstein hat eine etwas rauere Oberfläche aus vielen kleinen, miteinander verkitteten Sandkörnchen. Die einzelnen Schichten
haben manchmal schöne Muster und Farben. Eisenhaltige Sand-
steine wurden durch Erosion ausgehöhlt, sodass nur die Hülle
zurückblieb. Sie heißen „Hexenschüsseln". Der Legende nach
wurden sie von einem Zwergenvolk geschaffen, das einst in Norddeutschland lebte.

Steuerbord Wie war das noch: Steuerbord war rechts,
oder? Und auf jeden Fall rot. Oder doch mehr ins Grüne? Immer
an die geohrfeigten Matrosen denken! (→ *Backbord*).

Strand Wie wir schon wissen, sind die → *Küstenformen*
vielfältig, und das gilt auch für den Strand. Es gibt den „Grün-
strand" an den grasbewachsenen → *Deichen* an weiten Strecken
der → *Nordsee*-Küste, zum Beispiel in Cuxhaven, Büsum, Pellworm oder Friedrichskoog. Weitläufigen Sandstrand findet man
auf den Ostfriesischen → *Inseln*, in St. Peter-Ording, auf Föhr und

besonders auf Amrum und Sylt. Die Ostsee ist von Flensburg bis Usedom mit reichlich herrlichem Sandstrand ausgestattet, sodass es auch nicht verwundert, dass hier wohl der → *Strandkorb* erfunden wurde.

Strandfloh Na gut, wer das Wort „Strandhüpfer" liest

oder hört, könnte auch an braungebrannte und in knappe Badesachen gekleidete Zweibeiner denken, aber gemeint ist hier der „Gemeine Strandfloh". Er gehört zur Gattung der Flohkrebse und ist sowohl an der → *Nord-* wie auch an der → *Ostsee* zu Hause. Dieses kleine Tierchen, das übrigens wirklich ein Krebs und kein Insekt ist, wird etwa niedliche 16 Millimeter lang und ist flach wie ein Blatt Papier. Durch seine weiße bis graue Farbe, die gern mal mit bräunlichen Flecken dekoriert ist, kann man ihn kaum vom hellen Sand unterscheiden. Tagsüber buddelt er sich tief in denselbigen ein. Wenn der Floh aber so richtig auf Touren kommt, dann kann das kleine Wesen schon mal bis zu einen Meter hoch hüpfen. Strandflöhe haben keine Rückenpanzer und große, schwarze Kulleraugen. Zu finden sind sie meistens am äußersten Zipfel der → *Flutlinie.*

Strandkorb Für → *Strand*-Besucher, die auf zwischen

den Zähnen knirschende Körnchen auf ihren Pommes, ein Peeling auf der frisch mit Sonnenmilch eingecremten Haut und sandige Lesezeichen in ihrer Urlaubslektüre lieber verzichten, ist ein Strandkorb der Aufenthaltsort der Wahl. Zwar lässt sich der Kontakt mit Sand an Stränden kaum vermeiden, seine Ausbreitung kann im Strandkorb jedoch zumindest eingedämmt werden. Außerdem bieten die meist mit gestreiftem, abwaschbarem Stoff bezogenen Sitzmöbel bequem Platz für zwei, eine verstellbare Rückenlehne mit Sonnendach, ausziehbare Fußlehnen, kleine Abstellflächen neben den Armlehnen und manchmal sogar kleine Taschen an den Innenseiten.

Zu finden sind Strandkörbe an den meisten größeren, bewachten Sandstränden an der deutschen → *Nord-* und → *Ostsee.* Allein in Westerland und Rantum auf Sylt stehen zusammen über 3500

Eine geniale Erfindung und ein typischer Anblick in deutschen Seebädern:
Strandkörbe, hier vor Boltenhagen in Mecklenburg-Vorpommern.

Strandkörbe auf dem insgesamt rund 15 Kilometer langen
Strandabschnitt. Durchschnittlich 25 Mitarbeiterinnen und Mit-
arbeiter sind dort laut Tourismusservice der → *Insel* täglich damit
beschäftigt, die Körbe dort hinzustellen, wo sie stehen sollen. Ins
Schwitzen kommen die Strandkorb-Teams bei angekündigtem
Hochwasser (→ *Flut*). Ist das mit 100 Zentimetern über Normal
angekündigt, müssen die Strandkörbe in einigen Abschnitten
sogar ganz vom Strand abgefahren werden. Ab und bis wann im
Jahr man einen Strandkorb mieten kann, ist von Verleihstation
zu Verleihstation unterschiedlich. Gleiches gilt für die Mietpreise.
Den ersten Strandkorb soll die Rostockerin Elfriede von Maltzahn 1882 beim Hofkorbmacher Wilhelm Bartelmann in Auftrag
gegeben haben. Offensichtlich setzte Frau von Maltzahn schnell
einen Trend, denn bereits ein Jahr später eröffnete der Korbma-
cher einen Strandkorbverleih. Zu den ältesten Herstellern von
Strandkörben gehört die Heringsdorfer Firma Korbwerk, wo die
Strandmöbel bis heute traditionell per Hand hergestellt werden.
Aus diesem Betrieb stammt übrigens auch der Riesenstrandkorb,
in dem zum G8-Gipfel von Heiligendamm (→ *Seebad*) im Juni
2007 die angereisten Staats- und Regierungschefs Platz nahmen.

Längst kann man sich seinen Strandkorb natürlich auch in den eigenen Garten (be)stellen. Einige Strandkorb-Vermieter bieten sogar ihre aussortierten Strandmöbel zum Kauf an. Ob an der Küste oder in den Bergen aufgestellt – mit einem solchen Souvenir ist das maritime Flair auch zu Hause gesichert. Fehlen nur noch die Fototapete mit → *Leuchtturm*, eine CD mit dem Rauschen der → *Brandung* und ein gut belegtes → *Fischbrötchen*.

Tipp: Seit Neuestem gibt es auch Strandkörbe, in denen man übernachten kann. Auch die Schlaf-Strandkörbe bieten Platz für zwei – regengeschützt unter einem Dach und mit Fenstern für den nächtlichen Blick auf Meer, Strand und in den Sternenhimmel. Vorgestellt wurden die ersten dieser Ostsee-Strandbetten 2016 auf der Tourismusmesse ITB in Berlin.

Strandung

Immer wieder liest man von den traurigen Schicksalen der Pottwale und Delfine, die sich auf ihren Reisen durch die Meere verirrt haben und letztlich gestrandet an einer Küste ihr qualvolles Ende finden. Doch auch → *Schiffe* können stranden, dann nämlich, wenn sie auf Grund laufen und festsit-

Im Oktober 1991 strandete der Küstenfrachter „Dina" nach einem Sturm vor Rantum auf Sylt. Nach einer aufwendigen Bergungsaktion konnte er wieder flottgemacht werden.

zen, zum Beispiel bei extremem Niedrigwasser (→ *Ebbe*). Manchmal wird eine Strandung sogar mit Absicht verursacht, wenn wegen eindringenden Wassers die Gefahr besteht, dass das Schiff nicht mehr schwimmfähig ist und im schlimmsten Fall sogar untergehen könnte (→ *Seenot*). Braucht der Kapitän fremde Hilfe, um wieder in See stechen zu können, muss er einen Bergelohn bezahlen. Früher waren die Küstenbewohner über Strandungen gar nicht so unglücklich, denn wer bei der ordnungsgemäßen Bergung eines Schiffes unter Leitung des Strandvogts mithalf, wurde am Bergelohn beteiligt. Aber auch die Strandräuberei, das heimliche Bergen von Strandgut, stand in höchster Blüte. Vor allem das Holz gestrandeter Schiffe war auf den baumarmen → *Inseln* als Bauholz begehrt.

Sturmflut Eine höhere, durch Windstau verursachte

→ *Flut*, die bei Orkan an der → *Nordsee*-Küste bis zu vier Meter und höher über das mittlere Hochwasser aufläuft, gilt als „Sturmflut", an der Küste auch → *Blanker Hans* genannt. Südweststürme bedrohen vor allem die Küste Schleswig-Holsteins und die Nordfriesischen → *Inseln*, Nordweststürme Elbe- und Wesermündung und die Ostfriesischen Inseln. In der Regel wechselt die Windrichtung mit dem ostwärts wandernden Tief von Südwest nach Nordwest. Sturmfluten treten verstärkt im Frühjahr und im Herbst auf. Dann ist zu hoffen, dass die → *Deiche* halten und die → *Warften* auf den → *Halligen* trotz „Land unter" noch aus den Wellen ragen. Die Deutsche → *Bucht* ist laut Bundesamt für Seeschifffahrt und Hydrographie eines der am stärksten von Sturmfluten bedrohten Gebiete der Welt. Ganz schwere Orkanfluten sind aber selten, sie treten nur alle 30 bis 50 Jahre auf. Die Stadt → *Rungholt* nahe der Hallig Südfall soll bei einer Sturmflut 1362 untergegangen sein, bei der zweiten „Mandränke" 1634 wurde die Insel Strand in die heutigen Reste Pellworm, Nordstrand und Hallig Nordstrandischmoor zerteilt. Sturmfluten schufen auch großräumige Meeresbuchten wie → *Jadebusen* und → *Dollart*. Seit einer Sturmflut 1721 ist die Helgoländer Düne von der Hauptinsel geteilt. Die folgenreichste Orkanflut in neuerer Zeit an der deutschen Nordseeküste war diejenige von 1962, die zu

Orkanflut am 18. Oktober 1936 an der
Strandpromenade von Westerland auf Sylt.

verstärkten Maßnahmen im → *Küstenschutz* führte (→ *Sperr-werk*).

An der → *Ostsee*-Küste hingegen ist bei Nordoststurm Alarm. Dann bekommt man auch schon mal in der Altstadt der → *Han-sestadt* Lübeck nasse Füße. Die schwerste bekannte Ostseesturm-flut mit dem höchsten gemessenen Scheitelwasserstand von etwa 3,30 Metern über Normalnull war das Ostseesturmhochwasser von 1872. Dabei versandete unter anderem der Prerowstrom in → *Fischland-Darß-Zingst*. 1874 schüttete man ihn endgültig zu, und die Insel Zingst wurde zur → *Halbinsel*. Auf der Insel Use-dom wurde damals die nur 300 Meter schmale Stelle in Koserow zwischen Ostsee und → *Achterwasser* überflutet.

Südwester Der Südwester ist ein Hut, der ebenso wie

das dazu passende → *Ölzeug* ursprünglich aus ölgetränktem Tuch genäht wurde. Mit seiner breiten Krempe oder ‚Regenrinne' vorn und einem lang gezogenen Ablauf, der weit über den Nacken reicht, bot er im 19. Jahrhundert Fischern und anderen Seeleuten guten Schutz vor Regen. Auf zahlreichen Ölgemälden von Seemännern auf stürmischer See hat der Südwester sich daher einen festen Platz gesichert. Den hatte er dank eines angenähten Bandes, das unter dem Kinn geknotet wurde, übrigens auch auf dem Kopf seiner Träger.

Die modernen Modelle sind meist aus PVC gefertigt. Seinen Namen hat der Südwester bekommen, da dies die Windrichtung ist, aus der der Regen am häufigsten niederprasselt.

Übrigens wurde sogar Herbert Grönemeyer mit Südwester gesichtet: als Leutnant Werner in dem Kriegsdrama „Das Boot".

Sund An einem Sund wird es eng für das Meer, so eng, dass man auch von einer „Meerenge" oder „Meeresstraße" spricht. Einer der bekanntesten Sunde ist der Fehmarnsund zwischen der Kieler und der Mecklenburger → *Bucht*. Der etwa 1300 Meter enge → *Ostsee*-Streifen trennt Fehmarn, die mit rund 180 Quadratkilometern drittgrößte → *Insel* Deutschlands, vom schleswig-holsteinischen Festland. Allerdings handelt es sich hier um eine Trennung mit guter Verbindung, denn seit 1963 führt die Fehmarnsund-Brücke von Großenbrode am Festland direkt auf die Insel. Die Brücke über den Sund, die wegen ihres Aussehens auch als „längster Kleiderbügel der Welt" bezeichnet wird, ist längst zu einem Wahrzeichen Schleswig-Holsteins geworden und steht seit 1999 unter Denkmalschutz.

Den Sund im Namen hat die → *Hansestadt* Stralsund. Die Erklärung dafür liegt vor den Toren der Stadt – ein Sund, der den Namen einer kleinen Insel trägt, die vor Stralsund liegt: Dänholm. Diese kleine Insel hat die Form einer Pfeilspitze und hieß nicht immer „Dänholm", sonst würde diese ganze Erklärung ja auch gar keinen Sinn ergeben. Ihr vorheriger Name war „Strela", das slawische Wort für Pfeil. Der gesamte Sund zwischen Stralsund und → *Rügen* ist bis heute nach ihr benannt – der Strelasund. Da lag auch der Name für die 1234 gegründete Handelsstadt auf der Hand: Stralsund.

Übrigens nimmt Stralsund für sich in Anspruch, Heimat des Original-Bismarckherings (→ *Fischbrötchen*) zu sein. 1871 soll Reichskanzler Otto von Bismarck dieser → *Fisch*-Spezialität aus der Hansestadt vor lauter Begeisterung seinen Namen geschenkt haben.

T

Takelage

Bist du heute aber aufgetakelt! Das wollen Frauen nur ungern hören, denn es würde ja bedeuten, dass vielleicht ein wenig zu tief in den Make-up-Kasten gegriffen wurde. Das Wort selbst hat die Takelage als Ursprung und gehört somit nicht vor den Spiegel, sondern in die Seemannssprache. Sie bezeichnet das Bauteil eines Segelschiffs, an dem die Segel gesetzt und mit dem sie bedient werden. Bei kleineren → *Schiffen* und Booten wird die Takelage als „Rigg" bezeichnet. Letztlich gehören zum Takelwerk sämtliche Vorrichtungen zum Tragen und Handhaben der Segel. Es besteht aus den Masten, die nach oben durch die Stengen verlängert und, ebenso wie diese, durch „stehendes Gut" (meist Tauwerk aus Stahldraht oder kurze Ketten) – seitlich durch Wanten und Pardunen, längsschiffs durch Stage – abgestützt sind. Unter Auftakeln versteht man also das Anbringen der Takelage.

Tang

Glitschige, leicht salzig-muffelig riechende, krautige braune Pflanzenhaufen mit blasenartigen Auswüchsen, die am Badestrand den Weg ins Meer versperren – in dieser Form ist Tang, genau genommen „Blasentang" oder „Meereiche", wohl den meisten Küstenurlaubern bekannt. Der → *Strand* ist aber nicht der natürliche Lebensraum dieser Algenart. Blasentang wächst im Bereich der → *Brandung*, hält sich mit seinen Haftplatten auf Felsen, → *Steinen* oder Holz fest und wächst in einer Tiefe bis zu vier Metern. Die blasenartigen Auswüchse, die Kinder beim Strandspaziergang immer wieder dazu verleiten, sie zwischen den Fingern mit einem leisen Puff zum Platzen zu bringen, sind kleine gasgefüllte Auftrieb-Ballone. Damit die Großalge bei → *Ebbe* nicht austrocknet, ist sie mit einer schleimigen Schicht überzogen, die auch so manchen Badenden am Strandrand bereits ins Straucheln gebracht hat.

Tang ist aber nicht nur zum Ärger von Touristen da, er wird regelrecht beerntet, denn er ist reich an Jod, Spurenelementen und Mineralstoffen. Nährstoffe aus Tang werden Tierfutter beigemischt, er wird als Verpackungsmaterial eingesetzt, und Extrakte werden in der Kosmetikindustrie verwendet. In der Naturheilkunde wird Tang zudem bei Übergewicht, Stoffwechsel- und Schilddrüsenunterfunktion, Arterienverkalkung, Heuschnupfen und Schuppenflechte angewendet. Wer also tatsächlich einmal in dem Algenhaufen ausrutscht, müffelt vielleicht ein bisschen, aber wer weiß: Vielleicht macht es ja gesünder.

Tote Tante

Wer in einem Café in Schleswig-Holstein eine Tote Tante bestellt, muss nicht etwa befürchten, wegen pietätlosen Verhaltens empört der Tür verwiesen zu werden. Im Gegenteil: Er wird mit einer Tasse heißem, süßem Kakao belohnt – verfeinert mit einem Schuss Rum und einem ordentlichen Schlag Sahne. Genau die richtige Mischung also, um nach einem langen Winterspaziergang an der Küste die durchgepusteten Lebensgeister wieder zu wecken.

Zu ihrem Namen kam diese in jeder Hinsicht gehaltvolle Mischung angeblich durch eine von der Nordfriesischen → *Insel* Föhr stammende alte Dame, die gern in ihrer Heimat begraben werden wollte. Da sie aber inzwischen nach Nordamerika ausgewandert und die Familie nicht sehr reich war, schickte man die tote Tante kurzerhand in einer Kakaokiste per → *Schiff* zurück in die Heimat. Der Leichenschmaus war damit gleich mit gesichert: Kakao – verfeinert mit Rum und Sahne.

Wer es geschmacklich lieber herber mag und zusätzlich zu Zucker, Alkohol und Fett gern noch mit einer Portion Koffein die → *Krabbelkälte* aus den Gliedern vertreiben möchte, lässt die Tote Tante in ihrer Kakaokiste und ordert stattdessen einen → *Pharisäer*.

Travemünder Woche

„Heißt Flagge" (Setzt die Flagge) – mit diesem Befehl fällt jeweils Mitte Juli der Startschuss für den sportlichen Teil der Travemünder Woche. Ähnlich wie die → *Kieler Woche* ist die Travemünder Woche eine Mischung aus Segelwettbewerb, Volksfest und Musikfestival. Während auf dem Wasser rund 1500 Wassersportler aus über 20 Nationen mit vollen Segeln in unterschiedlichen Wettkämpfen gegeneinander antreten, absolvieren die Besucher an Land einen wahren Buden- und Bühnenmarathon, der einen gut trainierten Magen sowie Ausdauer im Schlendern und Tanzen erfordert. Den Anfang der Travemünder Woche, zu der inzwischen jährlich rund eine Million Gäste nach Travemünde bei Lübeck anreisen, machten Hermann Wentzel und Hermann Dröge. 1889 trafen sich die beiden Hamburger Kaufleute zu einem Segel-Wettstreit. Die Prämie für den Sieger: eine Flasche Lübecker Rotspon, ein Rotwein, der in Lübecker Eichenfässern reift. Ihre Wettfahrt fand Nachahmer. Das Rotspon-Rennen gehört seit 2004 wieder zu den traditionellen Programmpunkten auf der Travemünder Woche. Seither tritt der Verwaltungschef aus Lübeck jeweils gegen einen anderen Verwaltungschef zur freundschaftlichen Spaßwettfahrt an. Auch Ole von Beust maß sich in seiner Amtszeit als Erster Bürgermeister Hamburgs mit dem Lübecker Herausforderer Bernd Saxe – und gewann. Damit durfte – genau 120 Jahre nach der ersten Wettfahrt der Hamburger Hermanns – ‚ihr‘ Regierungschef die Sechs-Liter Flasche von der ‚kleinen‘ mit in die ‚große‘ → *Hansestadt* nehmen. Sind alle Rennen ausgefahren, beendet ordentliches Getöse mit vielen Aahs und Oohs die Travemünder Woche: das Höhenfeuerwerk.

www.travemünder-woche.com

Uthlande

Uthlande heißt übersetzt „Außenlande" und bezeichnet die dem Festland vorgelagerten → *Inseln* und → *Halligen* sowie die → *Marschen* im nördlichen Kreis Nordfriesland. Die ersten Einträge mit dieser Bezeichnung findet man in Urkunden des 12. Jahrhunderts. Heute sind einige Teile der Uthlande nach → *Sturmfluten* im Meer versunken, zum Beispiel die ehemalige Insel Strand, von der andererseits durch Eindeichung (→ *Deich*) und → *Landgewinnung* auch ein Teil zum Festland geworden ist.

Uthlandfriesische Häuser sind eine besondere Form des Friesenhauses (→ *Friesen*) und prägen das Bild der Uthlande maßgeblich. Anders als bei Festland-Friesenhäusern haben sie einen spitzen Giebel über der Eingangstür, der fast bis unter den First reicht. Das Mauerwerk besteht aus rotem Ziegelstein. Kennzeichnend sind das mit Reet gedeckte Dach sowie die weißen oder blauen Fensterrahmen und Türen. Die klassischen uthlandfriesischen Häuser verfügen meist nur über wenige Innenräume und sind daher nicht besonders groß.

Übrigens trägt eine → *Fähre* der Wyker Dampfschiffs-Reederei Föhr-Amrum den Namen „Uthlande".

Vineta
Als es noch keinen sicheren → *Küstenschutz* gab, waren die Auswirkungen von → *Sturmfluten* für die Menschen an den Küsten häufig verheerend. Und sie lieferten die Grundlage für zahlreiche Sagen: zum Beispiel über Dörfer, deren Bewohner an Gottesehrfurcht zu wünschen übrig ließen und dafür mit Sturmfluten ‚bestraft‘ wurden. Nicht nur → *Rungholt* wurde so für lange Zeit zum Mythos. Auch Vineta, eine versunkene Stadt an der mecklenburg-vorpommerischen Küste (→ *Küstenformen*), wird in den Sagen zur Geisterstadt erklärt. Wer genau hinhöre, könne bis heute die silbernen Glocken der einst reichen Stadt hören, heißt es. Wegen Laster und Wollust kam demnach eine Sturmflut über die Bewohner. Dabei war Vineta den Erzählungen nach zunächst eine Musterstadt für gelungene Integration: Griechen, Slawen, Wenden, Sachsen und viele andere Stämme sollen darin gelebt haben und gut miteinander ausgekommen sein. Aber, wie es in den Geschichten immer so ist, geht das natürlich nicht lange gut – erst recht nicht, wenn unermesslicher Reichtum dazukommt. Also kam es, wie es kommen musste: Die Bewohner zerstritten sich, sie hörten nicht auf die Wasserfrau, die sie dreimal und – natürlich – mit schauerlicher Stimme mit folgendem Ausruf gewarnt haben soll: „Vineta, Vineta, du rieke Stadt, Vineta sall unnergahn, weil deß se het väl Böses dahn!" (Vineta, Vineta, du reiche Stadt, Vineta soll untergehen, weil sie so viel Böses getan hat!) Gott schickte ihnen als Strafe für ihre aus dem Ruder geratene Lebensweise eine Sturmflut.

Nun wandeln die zerstrittenen und wenig gottesfürchtigen Bewohner angeblich als Geister weiter durch die versunkene Stadt. Regelmäßig am Ostersonntag soll Vineta zudem als warnendes Schattenbild aus den Wellen auftauchen. Es heißt, würde ein Kind es schaffen, an diesem Tag eine der dort angebotenen Waren zu kaufen, würden Stadt und Bewohner erlöst.

Geklappt hat das bisher offensichtlich nicht. Spätestens dann könnte man nämlich auch mit Sicherheit feststellen, wo sie denn nun gestanden hat, diese Stadt, die einst die größte in Europa gewesen sein soll. Bis das geklärt ist, findet man sie zwischen Buchseiten und in Filmen, zum Beispiel in einer der Reisen, die Selma Lagerlöfs Nils Holgersson mit den Wildgänsen unternimmt.

Wer mehr wissen möchte über diesen Ort, der im 12. Jahrhundert spurlos im Meer verschwand, sollte einen Besuch im Vineta-Museum in Barth einplanen, einer Stadt im Landkreis Vorpommern-Rügen, die sich selbstbewusst „Vinetastadt" nennt.

www.stadt-barth.de
www.vineta-museum.de

Vitte

„Vitte" nannte man im Mittelalter den Platz, an dem frischer → *Fisch* gehandelt wurde. Nach einem solchen Platz wurde auch der größte Ort auf Hiddensee benannt. Die → *Insel* liegt westlich von → *Rügen* in der → *Ostsee* und gehört zum Landkreis Vorpommern-Rügen in Mecklenburg-Vorpommern. Weil Vitte größer als die anderen Ortschaften auf der Insel ist, wird es gern als die „heimliche Hauptstadt" bezeichnet. Hier befindet sich auch der Sitz der Inselverwaltung.

Vitte ist auf jeden Fall eine Reise wert. Lange Sandstrände (→ *Strand*) und jede Menge Boutiquen und Restaurants säumen die Promenade. Schon viele bekannte Künstler, Dichter und Denker, beispielsweise Gerhart Hauptmann, schätzten die Hiddenseer

In der Blauen Scheune von Vitte trafen sich früher die Malerinnen des Hiddenseer Künstlerbundes.

Ruhe, was der Insel den Ruf der „Künstlerinsel" einbrachte. Ein gut ausgebautes Rad- und Wandernetz lädt zu ausgedehnten Tagesausflügen ein.

Vorland

Als „Vorland" oder „Deichvorland" wird das Stück Land bezeichnet, das zwischen Meer und → *Deich* liegt, bei → *Sturmflut* also gern mal unter Wasser steht. Für den → *Küstenschutz* ist es trotzdem wichtig, denn wie die Deiche selbst muss

Steht bei Sturmfluten unter Wasser: das Vorland. Es liegt zwischen Deich und Meer und dient als erste Schutzzone bei Sturmfluten.

dieser Bereich gepflegt werden, um die Funktion der schützenden Flächen zwischen Meer und bewohntem Raum sicherzustellen. Da aber die Flächen nicht mehr – wie früher – landwirtschaftlich genutzt werden, haben sich einige seltene Pflanzen- und Tierarten diese Landstreifen als Zuhause ausgesucht. Die Folge: Um das Vorland wird viel und nicht immer einig diskutiert, denn dort treffen die Interessen von Küsten-, Ufer- und Naturschutz aufeinander – eine nicht ganz einfache Kombination.

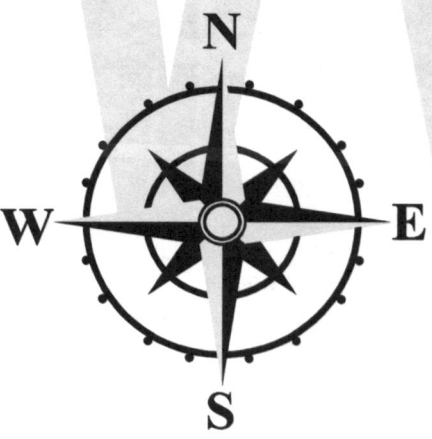

Der Graswarder vor Heiligenhafen ragt weit in die Ostsee hinein.
In seinem Naturschutzgebiet brüten zahlreiche Vogelarten.

Warder

"Warder", das althochdeutsche Wort für → *Insel*
(Werder), tragen gleich drei schleswig-holsteinische Ostseeinseln
im Namen. Die kleinste, die einfach nur "Warder" heißt, ist gerade
einmal zehn Hektar groß und liegt im Südwesten der Insel Fehmarn. "Graswarder", gelegen vor Heiligenhafen, war ursprünglich
eine eigenständige Insel, wurde aber 1954 mit der benachbarten
→ *Halbinsel* namens "Steinwarder" verbunden. Die Wasserfläche
zwischen Stein- und Graswarder und dem Festland bildet seitdem
den Heiligenhafener Binnensee, der trotz seines Namens bis
heute eine Verbindung mit der → *Ostsee* hat. Auf der vergrößer-
ten Halbinsel liegt heute ein 230 Hektar großes Naturschutzgebiet. Es hat sich mit seinem weißen → *Strand*, den hohen Strand-
wällen mit → *Dünen* und den wild bewachsenen → *Salzwiesen*
zum wahren Paradies gemausert, was besonders der heimischen
Flora und Fauna zugute kommt. Im Naturschutzgebiet brüten
zahlreiche Vogelarten, wie beispielsweise Graugans, Brandgans,
Säbelschnäbler und Austernfischer (→ *Seevögel*). Zudem wachsen
dort einige Strand- und Salzpflanzen, wie etwa die Stranddistel
und der Echte Meerkohl. Wer mehr über Graswarder wissen

möchte, für den öffnet in den Sommermonaten am Rande des
→ *Schutzgebiets* ein Informationszentrum des Naturschutzbunds
Schleswig-Holstein.

Aus der Luft sieht die Halbinsel aufgrund der zahlreichen
→ *Nehrungs*-Haken stellenweise aus wie ein grobzinkiger Kamm.
Jeder ihrer einzelnen Zinken besteht aus mindestens einem Wall
aus Kies und → *Steinen*, die als „Strandwälle" bezeichnet werden.
In den Räumen zwischen den einzelnen Nehrungshaken haben
sich flache Lagunen (→ *Bodden*) gebildet: kleine Paradiese für
zahlreiche Tier- und Pflanzenarten. Immer neues Baumaterial für
die Strandwälle trägt das Meer von der Steilküste (→ *Küstenformen*) und vom Seegrund herbei. In den vergangenen 50 Jahren
soll die Küste um Graswarder so bereits um rund zehn Hektar
gewachsen sein. Kleine Fußnote: Graswarder hat – neben ein paar
Ecken auf Sylt – die teuersten Grundstückspreise Schleswig-Holsteins.

www.graswarder.de

Warft
Warften sind aufgeschüttete Erdhügel – meist aus
Kleiboden, früher auch mit Viehmist vermischt. Obendrauf steht
das Haus. Warum? Warften, auch als „Wurten" bezeichnet, sind
frühe und einfache Bauwerke des → *Küstenschutzes*. Sie sorgten
bereits vor rund 2000 Jahren dafür, dass die in den → *Marschen*
gebauten Häuser auch ohne schützende → *Deiche* bei → *Sturmflut* noch auf dem Trockenen lagen.

Die Wohnhügel sind erste Zeichen dafür, dass die Menschen sich
nicht mehr kampflos den Launen des Meeres ergeben wollten.
Die Siedler, die in der Jungsteinzeit ihre Behausungen nah an die
→ *Nordsee* gebaut hatten, ließen sich immer wieder von Sturmfluten weiter ins Landesinnere vertreiben. Im ersten Jahrhundert
nach Christi Geburt hatten sie genug von den ständigen Umzügen und Verlusten und begannen, ihre Häuser höherzusetzen,
sodass sie bei Sturmflut wie kleine → *Inseln* aus dem Meer ragten
und Mensch und Tier trocken davonkamen – eine im wahrsten
Sinne des Wortes herausragende Idee. So blieben die Marschen
über die römische Kaiserzeit hinweg bewohnt. Die anschließend
in den Zeiten der Völkerwanderung größtenteils verlassenen

„Land unter": Auf den nordfriesischen Halligen dienen Warften – wie hier
die Rixwarft auf Langeneß – als Schutz vor Sturmfluten.

Warften wurden im frühen Mittelalter neu besiedelt und zum
Teil zu ganzen Siedlungswarften ausgebaut. Diese nennt man
„Warften-" oder „Wurtendörfer". Man findet sie bis heute hauptsächlich in norddeutschen Marschgebieten, in der → *Nordsee* auf
den → *Halligen* sowie in Teilen Dänemarks. Erst mit Beginn des
Deichbaus um das Jahr 1000 hatte diese frühe Hochbau-Praxis
an den Küsten ausgedient.

Noch heute gehören Warften jedoch zum typischen Bild der
→ *Halligen* im nordfriesischen → *Wattenmeer*. Da diese Mini-
Inseln höchstens → *Sommerdeiche* besitzen, sind die künstlichen
Erdhügel dort weiterhin der beste Schutz gegen „Land unter"
und Meer im Wohnzimmer.

Viele alte Warften wurden immer wieder neu erhöht und sind
daher für die Wissenschaft interessant: Wie ein Tagebuch aus
Erde verraten die einzelnen Schichten einiges über die Wild- und
Kulturpflanzen, die damals wuchsen oder angebaut wurden.

Watt(enmeer)

Watt – das ist der bei → *Ebbe* frei-gelegte Boden des Wattenmeers aus in Wellen gelegtem Schlick oder Sand (ein „Rippelmarken" genanntes Muster), dekoriert mit dunklen Mies- und hellen Herzmuscheln (→ *Muschel*) und von Tausenden Wattwürmern mit ihren Sandkringeln (→ *Wattwurm & Co.*) Eine weitere Definition liefert die UNESCO, die das Wattenmeer der → *Nordsee* Ende 2009 größtenteils als Weltnaturerbe anerkannt und damit zu einem „einzigartigen, unersetzlichen Gut von außergewöhnlichem, universellem Wert" erklärt hat, das „als Eigentum der gesamten Menschheit betrachtet" werden kann. Kein Wunder: Rund 10 000 Arten – von einzelligen Organismen über → *Seevögel* bis zu Säugetieren – leben im Wattenmeer, das mit seinen → *Salzwiesen*, → *Prielen* und → *Sandbänken* einzig-artige Biotope bietet. Bis zu zwölf Millionen → *Zugvögel* schätzen das Watt auf ihrer Reise in ihre Winterquartiere und zurück als Zwischenstopp mit abwechslungsreichem Buffet-Angebot.

Auch Menschen haben sich das Wattenmeer erobert: Sie haben es sich mit einigem Aufwand durch → *Landgewinnung* und Bau-werke des → *Küstenschutzes* nutzbar gemacht. Ins Watt zieht eben nur, wer stressresistent, einfallsreich und flexibel ist. Das gilt auch für die tierischen Wattbewohner (→ *Wattwurm & Co.*), von denen einige zum Beispiel auch in der → *Ostsee* anzutreffen sind. Wer mit dem ständigen Hin und Her des Wassers (→ *Gezeiten*) klarkommt, hat dafür weniger Fressfeinde zu befürchten.

Einige Mitbewohner der Watt-WG kann man auf einer Wattwan-derung kennenlernen – ein beliebtes Freizeitangebot, wenn sich das Meer bei Ebbe zurückzieht. Der Schwierigkeitsgrad dieser Wanderungen hängt unter anderem von der Beschaffenheit des Watts ab: Sand-, Misch- oder Schlickwatt. Entscheidend für diese Unterteilung ist der Anteil von „Schluff", einem besonders fein-körnigen Boden, und Ton: Sandwatt hat am wenigsten davon und ist überwiegend fest, Schlickwatt hat am meisten davon und ist ent-sprechend matschig – was man unter anderem bei der Wahl des passenden Schuhwerks für eine Wattwanderung bedenken sollte. So viel an dieser Stelle: Flip-Flops sind völlig ungeeignet. Es sei denn, man möchte sie alle paar Meter wieder aus dem Schlick angeln, in dem sie, mit großer Vorliebe ohne den Fuß, stecken

geblieben sind. Wer es einmal versucht hat, weiß, wie schweiß-
treibend eine Wattwanderung dadurch werden kann. Wattwan-
dern sollte man zudem immer in fachkundiger Begleitung –
nicht nur weil ausgebildete Führer viel über die Wattbewohner
erzählen können, sondern auch weil sie die Verhaltensregeln im
Watt kennen, die die Natur ebenso wie die Wattwanderer schützen. So mancher Tourist, der sich allein aufgemacht hatte, musste
am Ende den Rückweg per Hubschrauber antreten, da der Wasserstand in den → *Prielen* so stark angestiegen war, dass ihm das
Wasser wortwörtlich bis zum Hals stand (→ *Seenot*).
Übrigens: In Brunsbüttel wird das Watt regelmäßig zur Sport-
arena. Alle zwei Jahre wird dort die Wattolümpiade ausgetragen,
ein nicht ganz ernst gemeinter Wettkampf, der in den Disziplinen
Wattfußball, Watthandball, Wattwolliball und Schlickschlitten-
rennen ausgetragen wird. Hunderte Wattleten aus Deutschland
und dem benachbarten Ausland werfen sich mit vollem Einsatz
in den Schlick – und das für einen guten Zweck: Mit den Ein-
nahmen werden Projekte und Initiativen für krebskranke Menschen in der Region unterstützt. Das Motto: „Schmutziger Sport
für eine saubere Sache."

www.nationalpark-wattenmeer.de
www.wattoluempia.de

Wattwurm & Co. Den meisten menschlichen

→ *Watt*-Touristen hat es einer der kleinsten Bewohner angetan:
der Wattwurm. Dieser Architekt der Sandkringelhäufchen sieht
aus wie ein etwas pummelig geratener Regenwurm. Allerdings
bekommt man ihn selbst kaum zu Gesicht, denn Wattwürmer
ziehen es vor, ungestört im Untergrund zu leben. Sie hausen in
Wohnröhren und fressen den Sand, der in ihre Wohnungen
rutscht. Genau genommen verwerten sie alles, was darin irgendwie nahrhaft ist. Den Rest, man könnte ihn als „Wattwurm-Stuhl-
gang" oder noch vornehmer als „gereinigten Sand" bezeichnen,
scheidet der Wattwurm in Kringeln auf den Wattboden aus.
Unterstützung bei seiner Sand-Reinigungsaktion bekommt er
von nur wenige Millimeter großen weiteren Bewohnern der Watt-
WG: Winzige Wattschnecken putzen den Sand von noch winzi-

Wer Wattwürmer sehen will, muss sich ins Wattenmeer begeben und dort graben. Die kleinen Häufchen sind nur der von ihnen „gereinigte" Sand.

geren Algen sauber, die sie abgrasen. 10 000 dieser Putzteufel leben auf einem Quadratmeter Watt. Bei fast 10 000 Quadratkilometern zum UNESCO-Weltnaturerbe erklärtem Wattenmeer (davon über 7000 in Deutschland) kommt eine ganz beachtliche Putzkolonne zusammen.

Von den kleinsten zu den größten: Als kugelige Sympathieträger des Wattenmeers gelten → *Seehunde* und Kegelrobben. Die an Land eher träge wirkenden Tiere mit den dunklen Knopfaugen sind unter Wasser ausgesprochen schnelle Jäger. Da haben es → *Fische* und Krebse schwer. Nach getaner Arbeit kann man die Seehunde und Kegelrobben beim Sonnen- und Sandbad auf → *Sandbänken* beobachten. Zusammen mit den → *Schweinswalen* sind diese beiden Arten die größten Säugetiere unter den Bewohnern im Wattenmeer. Bei den Vögeln (→ *Seevögel*, → *Zugvögel*) sichert sich der Seeadler diesen Titel, die Fische werden in der Kategorie Größe vom Stör angeführt, der zwar sechs Meter lang und über 100 Jahre alt werden kann, aber vielerorts bereits als ausgestorben gilt. Ein Schicksal, das der Wattwurm mit einer geschätzten Gesamtpopulation von einer Million vorerst wohl nicht befürchten muss.

Wiek
„Wiek" werden kleine → *Buchten* an der → *Ostsee* genannt. Beispiele dafür sind die Prorer Wiek an der Küste → *Rügens* und die Spandowerhagener Wiek bei der → *Insel* Usedom. „Wiek" oder „Wieck" ist auch der Name mehrerer Orte: Wiek auf Rügen, Wieck am Darß (→ *Fischland-Darß-Zingst*) und der Greifswalder Stadtteil Wieck an der Dänischen Wiek. Die beiden „Wiecks" liegen am Bodstedter und am Greifswalder Bodden, Wiek am Wieker Bodden – ein Zufall ist das wohl nicht. Im Fall des Wieker Boddens ist allerdings zumindest auf den ersten Blick nicht klar, wer oder was hier namensgebend war: Wurde die Stadt Wiek nach der Bucht benannt und dann die Bucht wieder nach dem Ort? Vielleicht haben sich die Namensgeber auch gedacht, dass doppelt eben besser hält, denn sprachlich genau genommen ist der „Wieker Bodden" doch eine buchtige Bucht, oder?

Windflüchter
Ein wenig erinnern sie an die Saiten einer Harfe, wenn sie sich so schön in den Böen wiegen. Windflüchter sind Bäume und Sträucher, die mit dem Wind gewachsen

Typisch für den Darßer Weststrand sind Windflüchter – Bäume, deren Wuchsform durch den vorwiegend aus einer Richtung wehenden Wind bestimmt wird.

sind und so ganz merkwürdige Formen annehmen können. Sie werden auch „Windläufer" oder „Windharfen" genannt. Die dem Wind abgewandte Seite hat einen deutlich stärken Wuchs als die Seite, auf der es kräftiger pustet (→ *Lee und Luv*). Deswegen sind sie oft so krummgerade, aber trotzdem ganz hübsch anzusehen. Die Pflanzen „flüchten vor dem Wind". Da es Windflüchter nur dort gibt, wo mehr oder weniger immer Wind weht, findet man sie meist nur in Küstenregionen wie an → *Nord-* und → *Ostsee*.

Wikinger Einfache Zelte, Menschen in mehrschichtiger

Woll-, Leinen- und Lederkleidung, die wahlweise Äxte schwingen, Waffen schmieden oder riesige Schutzschilde anfertigen – fehlt nur noch das Trinkhorn mit Honigwein, fertig ist der Wikingermarkt. Irgendwie urwüchsig, diese Wikinger. Wer „Wikinger" hört, denkt aber auch an wendige Kriegsschiffe mit gestreiften Segeln und Tierköpfen als Galionsfiguren, randvoll mit bärtigen, bis an die Zähne bewaffneten Männern, die sich mit lautem Kampfgebrüll auf ihre Opfer stürzen. Fest steht: Wikinger bieten reichlich Stoff für die Fantasie moderner Menschen.

Abgeleitet ist der Name „Wikinger" von „vikingr", altnordisch für „Seekrieger". Während lange auch tatsächlich nur die zur See fahrenden Barbaren als „Wikinger" bezeichnet wurden, ist dies heute der Name für alle Nordeuropäer aus dem Frühmittelalter. Sie hatten mehr gemein als ihre Herkunft. In ganz Skandinavien wurde im Mittelalter eine Sprache gesprochen: eben jenes Altnordisch. Hungersnöte und Seuchen, Familienstreit oder schlicht Unterbeschäftigung trieben die Wikinger um das Jahr 800 herum zu Eroberungszügen auf die See – und sie entdeckten nebenbei die Welt. Erik Thorvaldsson, „Erik der Rote" genannt, gilt als blutrünstiger Entdecker von Grönland; der friedlichere Leif Eriksson stieß bei einer seiner Segelfahrten auf Nordamerika. Sie waren Händler, Großbauern und Könige. Ottar zum Beispiel soll mit Pelzen, Fellen und Walrosszähnen gehandelt haben und dabei auch in Haithabu vorbeigeschaut haben, der ersten Wikingerstadt in Nordeuropa.

Sie liegt am Haddebyer → *Noor* an der Schlei bei Schleswig. Die → *Förde*-Stadt ist schon deswegen besonders, weil die Wikinger

Die Lage des von Wikingern gegründeten Haithabu war klug gewählt:
Über die Schlei ging es in die Ostsee, über Treene und Eider in die Nordsee.

sonst meist nur in kleinen Siedlungen lebten. In Haithabu wohnten bis zu 1000 Menschen. In der von dänischen Wikingern gegründeten Stadt wurde gehandelt und produziert. Die Lage war dazu optimal: Über die Schlei kam man in die → *Ostsee*, über → *Eider* und Treene in die → *Nordsee*. Kurz, Haithabu war ein großer Umschlagplatz für Waren aller Art. Wer was auf sich hielt, musste in dieser frühen Metropole zumindest Station machen.

974 kamen unliebsame Gäste an die Schlei: Die Sachsen eroberten Haithabu. Neun Jahre später hatten die Dänen ihre Stadt wieder im Griff – allerdings nur, um 1050 von den Norwegern angegriffen zu werden. 1066 vernichteten slawische Seefahrer die durch die Angriffe bereits reichlich in Mitleidenschaft gezogene Stadt. Da konnte auch der Halbkreiswall nichts mehr ausrichten, den die Nordmänner zum Schutz um ihre Stadt gebaut hatten. Am Rand dieses Walls wurde 1985 Deutschlands bisher einziges Wikingermuseum eröffnet, in dem Besucher anhand von Originalfunden und rekonstruierten Modellen das Leben der Wikinger erkunden können. Wer einmal in Haithabu war, kann auf dem nächsten Wikingermarkt auf jeden Fall mitreden. Darauf ein Trinkhorn voll Honigwein.

Zeug

„Zeug" ist eine seemännische Bezeichnung für → *Takelage*.

Zugvögel

Man muss sie gar nicht sehen, um zu wissen, dass sie da sind. Schon von Weitem kann man Zugvögel hören, denn meist treten sie in Schwärmen auf, und ihr Schnattern und Fiepen kündigt die Flugkameraden meist noch vor ihrem Eintreffen an.

Zugvögel haben eine recht ausgeklügelte Strategie entwickelt, um ungünstigen Lebensbedingungen zu entkommen: Sie spannen einfach ihre Flügel und machen sich auf in den warmen Süden, denn dort ist der Tisch im Winter reichlicher gedeckt als im kühlen Norden.

Es gibt unheimlich tolle Flugleistungen unter den Zugvögeln. Eine, der so schnell keiner den Rang abfliegt, ist die Küstenseeschwalbe (→ *Seevögel*). Sie fliegt von ihren Brutgebieten in der Arktis im hohen Norden bis in die Überwinterungsgebiete in der Antarktis und wieder zurück. Das sind rund 40 000 Kilometer. Das heißt, die Küstenseeschwalbe fliegt einmal um die ganze Erde herum. Sie kann bis zu 25 Jahre alt werden. Bis dahin hat sie dann gut eine Million Kilometer zurückgelegt.

Richtige Energiesparer sind die Wildenten, Kraniche und andere Vogelarten, die eine bestimmte Flugformation einstudiert haben, die den einzelnen Kameraden weniger Kraft kostet: Sie fliegen häufig in einem bestimmten Verband, nämlich in V-Formation. Demnach benötigt der Anführer an der Spitze am meisten Kraft, denn er ist dem Wetter voll ausgesetzt und muss gegen den Wind fliegen. Ist er erschöpft, reiht er sich weiter hinten ein und übergibt dem nächsten Vogel die Führung.

Zugvögel können sich erstklassig orientieren. Sie finden immer den Weg. Für Zugvögel sind die Küsten wichtig. Sie folgen ihnen und machen dort Rast, da es dort am meisten zu fressen gibt. Damit sie auf dem Weg in ihr Winter- oder Sommerquartier immer in einer bestimmten Richtung fliegen, nehmen Zugvögel die Sonne oder den Sternenhimmel zu Hilfe. Außerdem funktioniert die Erde für sie wie ein riesiger Magnet mit Linien, die in

Scharen von Watvögeln (Limikolen): Brachvögel, Strandläufer, Schnepfen. Zugvögel machen an den Küsten Rast, wo es am meisten zu fressen gibt.

bestimmte Richtungen verlaufen. Viele Vögel können diese Linien wahrnehmen und sich daran orientieren.

Die häufigsten Zugvögel an der → *Nordsee*-Küste sind Wildenten und Wildgänse, die in den → *Marschen* reichlich Nahrung finden, und Massen von Watvögeln (Limikolen), die in regelrechten Wolken ihre beeindruckenden Flugspiele am hohen Himmel über dem → *Wattenmeer* veranstalten: Knutts, Alpenstrandläufer, Pfuhlschnepfen, Brachvögel und Goldregenpfeifer. Die südliche → *Ostsee* ist wichtiges Überwinterungsgebiet für die Eisente, aber auch Schellenten, Trauerenten, Seetaucher und verschiedene Gän-

searten sind hier auf dem Zug oder im Winter zu finden. Die Verkehrsverbindung per → *Fähre* und Brücke über die → *Insel* Fehmarn nach Skandinavien trägt nicht umsonst den Namen „Vogelfluglinie". Im Nationalpark Vorpommersche Boddenlandschaft (→ *Bodden*) um → *Fischland-Darß-Zingst* und → *Rügen* rasten vor allem im Herbst so viele Kraniche wie nirgends sonst in Europa. Sie überwintern in der spanischen Extremadura.

Register

Eckernförde → Fähre; Förde; Missunde; Noor

Eckernförder Bucht → Förde; Kliff; Noor

Eider s. a. Eiderstedt; Nord-Ostsee-Kanal; Sperrwerk; Wikinger

Eidersperrwerk → Eider; Sperrwerk

Eiderstedt s. a. Eider; Friesen; Leuchtturm; Roter Haubarg

Eiszeit → Bernstein; Feuerstein; Fjord; Förde; Kreideküste auf Rügen; Nordsee; Ostsee; Rügen

Elbe → Schiff; Sperrwerk; Sturmflut

Elsfleth → Butjatha

Emden → Dollart; Fähre; Schiff

Ems → Dollart; Friesen; Sperrwerk

Emsland → Moin

F

Fähre s. a. Butterfahrt; Missunde; Schiff; Uthlande; Zugvögel

Fahrrinne → Dalbe; Fahrwasser

Fahrwasser s. a. Backbord; Leuchtturm; Priel; Pricken

Fehmarn → Fähre; Insel; Nehrung; Ostsee; Sund; Warder; Zugvögel

Fehmarnsund → Sund

Festmacher s. a. Dalbe

Fething s. a. Hallig

Feuerstein s. a. Steine

Findling → Friesen; Ostsee; Steine

Finnischer Meerbusen → Ostsee

Finnland → Steine

Fisch s. a. Bodden; Fischbrötchen; Heringszaun; Huk; Kutter; Möwe; Pier; Qualle; Seehund; Seevögel; Sund; Vitte; Wattwurm & Co.

Fischbrötchen s. a. Dalbe; Fisch; Möwe; Nord-Ostsee-Kanal; Strandkorb; Sund

Fischer → Fahrwasser; Fischland-Darß-Zingst; Heringszaun; Krabben; Krähennest; Kutter; Mole;

Möwe; Nordsee; Schiff; Schweinswal; Südwester

Fischland-Darß-Zingst s. a. Bodden; Born; Kliff; Küstenformen; Ostsee; Ribnitz-Damgarten; Schiff; Schutzgebiet; Sturmflut; Wiek; Zugvögel

Fjord s. a. Förde

FKK → Hohe Düne

Flemhuder See → Nord-Ostsee-Kanal

Flensburg → Butterfahrt; Fähre; Förde; Halbinsel; Missunde; Moin; Petuh; Prömpeln; Schiff; Spökenkieker; Strand

Flensburger Förde → Butterfahrt; Förde; Huk; Kliff; Petuh; Prömpeln

Flunder → Fisch; Huk; Schweinswal

Flut s. a. Ebbe; Gezeiten; Hallig; Insel; Lahnung; Nordsee; Priel; Salzwiese; Sandbank; Seehund; Seevögel; Siel; Sommerdeich; Sperrwerk; Strandkorb; Sturmflut

Flutlinie s. a. Seesterne; Strandfloh

Föhr → Ebbe; Fähre; Friesen; Insel; Kenknern; Möwe; Nordsee; Schiff; Seebad; Strand; Tote Tante; Uthlande

Förde s. a. Butterfahrt; Eider; Fähre; Fjord; Huk; Kieler Woche; Kliff; Küstenformen; Küstengewässer; Missunde; Noor; Ostsee; Petuh; Prömpeln; Wikinger

Friedrichskoog → Deich; Strand

Friedrichstadt → Eider; Roter Haubarg

Friesen s. a. Kenknern; Krabbelkälte; Ölzeug; Ostsee; Schiff; Uthlande

Friesenhaus → Friesen

Friesenlied → Ostsee

Friesennerz → Friesen; Kieler Woche; Ölzeug

Friesentorte → Friesen; Krabbelkälte

Friesenwall → Friesen

Frostköttel

G

Gager → Fähre

Gandersum → Sperrwerk

Geest s. a. Anwachs; Dangast; Marsch; Nordsee

Geltinger Bucht → Kliff

Gezeiten s. a. Ebbe; Fähre; Flut; Insel; Muschel; Nehrung; Nordsee; Ostsee; Sandbank; Seenot; Sperrwerk; Watt

Gischt → Brandung; Insel; Schleuderscheibe

Glasen

Glewitz → Fähre

Glückstadt → Sperrwerk

Gnitz → Achterwasser

Göhren → Rügen

Göteborg → Ostsee

Graal-Müritz → Rostocker Heide

Graswarder → Warder

Greifswald → Hanse; Ostsee; Sperrwerk

Greifswalder Bodden → Fähre; Wiek

Greiswalder Oie → Insel

Gröde → Hallig

Groden → Deich; Sommerdeich

Großbritannien → Gezeiten

Großenbrode → Sund

Grüner Brink → Nehrung

Gummistiefel → Brandung; Kieler Woche; Krabbelkälte; Pricken

H

Habel → Hallig

Habernis → Huk; Kliff

Haddebyer Noor → Noor; Wikinger

Haff s. a. Bodden; Küstengewässer; Nehrung; Noor; Salzhaff

Hafen → Butterfahrt; Dalbe; Fähre; Festmacher; Heringszaun; Hohe Düne; Kieler Woche; Krabben; Kutter; Landgewinnung; Leuchtturm; Mole; Nord-Ostsee-Kanal; Ostsee; Pier; Poller; Schiff

Hagen → Königsstuhl

Haithabu → Noor; Wikinger

Halbinsel s. a. Achterwasser; Born; Butjatha; Eider;

Eiderstedt; Fischland-Darß-Zingst; Hallig; Insel; Jadebusen; Krabben; Küstenformen; Leuchtturm; Nordsee; Ostsee; Roter Haubarg; Rügen; Rungholt; Schiff; Schutzgebiet; Sturmflut; Warder

Hallig s. a. Fähre; Fething; Nordsee; Rungholt; Salzwiese; Schutzgebiet; Seehund; Seevögel; Sommerdeich; Sturmflut; Uthlande; Warft

Hamburg → Fähre; Hanse; Insel; Möwe; Schiff; Schutzgebiet; Sperrwerk; Travemünder Woche

Hamburger Hallig → Hallig

Hanse(stadt) s. a. Hohe Düne; Ostsee; Ribnitz-Damgarten; Schiff; Sturmflut; Sund; Travemünder Woche

Harlesiel → Fähre

Haubarg → Eiderstedt; Roter Haubarg

Heide → Anwachs; Geest; Rostocker Heide

Heiligendamm → Kliff; Seebad; Strandkorb

Heiligenhafen → Seebrücke; Warder

Helgoland → Butterfahrt; Fähre; Fisch; Kliff; Küstenformen; Möwe; Nordsee; Seehund; Steine; Sturmflut

Hellbach → Salzhaff

Hering → Fisch; Fischbrötchen; Fischland-Darß-Zingst; Mole; Schweinswal

Heringsdorf → Seebrücke; Strandkorb

Heringszaun s. a. Fisch; Krabben

Hiddensee → Fähre; Insel; Kliff; Leuchtturm; Vitte

Hohe Düne

Hohes Ufer → Kliff

Hohwacht → Kliff

Holnis → Halbinsel; Kliff

Holland → Eider; Roter Haubarg

Hooge → Hallig; Sommerdeich

Hornhecht → Fisch; Huk

Hörnum-Odde → Odde

Hörnumknob → Seehund

Huk s. a. Kliff

Hulken → Kenknern

Hühnergötter → Feuerstein; Steine

Husum → Roter Haubarg

I

Insel s. a. Achterwasser; Bodden; Born; Bucht; Butterfahrt; Ebbe; Eiderstedt; Fähre; Fisch; Fischland-Darß- Zingst; Friesen; Haff; Halbinsel; Hallig; Kenknern; Kliff; Kniepsand; Krabben; Kreideküste auf Rügen; Küstenformen; Küstenschutz; Marsch; Möwe; Nordsee; Odde; Ostsee; Pharisäer; Rügen; Rungholt; Sandbank; Schiff; Schutzgebiet; Seebad; Seebrücke; Seehund; Seevögel; Strand; Strandkorb; Strandung; Sturmflut; Sund; Tote Tante; Uthlande; Vitte; Warder; Warft; Wiek; Zugvögel

J

Jade → Jadebusen; Landgewinnung

Jadebusen s. a. Bucht; Butjatha; Dangast; Sturmflut

Jasmund (Nationalpark) → Königsstuhl; Kreideküste auf Rügen; Rügen; Schutzgebiet; Steine

Juist → Insel; Seehund

Jütland → Geest; Nordsee

K

Kabeljau → Fisch

Kabbelsee

Kampen → Küstenformen

Kap Arkona → Kliff; Leuchtturm

Kapitän → Friesen; Glasen; Hohe Düne; Schiff; Strandung

Kappeln → Heringszaun

Katharinenhof → Kliff

Kattegat → Ostsee

Kenknern

Kiel → Eider; Fähre; Förde; Kieler Woche; Missunde; Nord-Ostsee-Kanal

Kieler Bucht → Kliff; Sund

Kieler Förde → Eider; Förde; Kieler Woche

Kieler Sprotten

Kieler Woche s. a. Förde; Travemünder Woche

Kliff s. a. Huk; Königsstuhl; Kreideküste auf Rügen; Küstenformen; Ostsee; Seevögel

Klöndör

Kluntje s. a. Krabbelkälte; Ostfriesische Teekultur

Kniepsand s. a. Sandbank

Knoten s. a. Festmacher; Log

Kogge → Hanse; Schiff

Köm s. a. Dalbe

Königsstuhl s. a. Kliff; Kreideküste auf Rügen; Küstenformen; Rügen

Koog → Deich; Sommerdeich

Krabbelkälte s. a. Frostkötel; Tote Tante

Krähennnest

Kraniche → Fischland-Darß-Zingst; Zugvögel

Kreideküste auf Rügen s. a. Kliff; Königsstuhl; Küstenformen; Rügen; Schutzgebiet

Kreuzfahrtschiff → Nord-Ostsee-Kanal; Pier; Schiff; Schleuderscheibe

Kühlungsborn → Kliff; Leuchtturm

Küstenformen s. a. Huk; Kliff; Kreideküste auf Rügen; Ostsee; Sandbank; Seevögel; Strand; Warder

Küstengewässer s. a. Bodden; Haff; Salzhaff

Küstenschutz s. a. Deich; Deichgraf; Lahnung; Odde; Schaf; Sperrwerk; Sturmflut; Vineta; Vorland; Warft; Watt

Küstenseeschwalbe → Seevögel; Zugvögel

Küstenvögel → Möwe; Seevögel

Kutter s. a. Fisch; Krabben; Möwe; Schiff

L

Laboe → Förde

Lachmöwe → Möwe

Lahnung s. a. Anwachs; Küs-

tenschutz; Landgewin-
nung; Salzwiese
Landgewinnung s. a. Lah-
nung
Landratte → Backbord; Pier
Land unter → Hallig; Sturm-
flut; Warft
Langeneß → Hallig; Warft
Langeoog → Insel
Lee und Luv s. a. Nordsee;
Windflüchter
Leuchtturm s. a. Eiderstedt;
Fahrwasser; Mole; Strand-
korb
Lieper Winkel → Seehund
Lister Tief → Heringszaun
Log s. a. Knoten
Lohme (Rügen) → Königs-
stuhl; Steine
Lübeck → Fähre; Hanse;
Leuchtturm; Ostsee; Schiff;
Sturmflut; Travemünder
Woche
Lübecker Bucht → Küsten-
formen
Luft → Achterwasser; Fjord;
Insel; Schleuderscheibe
Lütt un Lütt → Köm

M

Makrele → Fisch; Schweins-
wal
Mandränke → Hallig;
Sturmflut
Markgrafenheide → Ros-
tocker Heide
Marsch s. a. Eiderstedt; Frie-
sen; Geest; Insel; Nordsee;
Prömpeln; Schutzgebiet;
Siel; Uthlande; Warft; Zug-
vögel
Mecklenburg → Ribnitz-
Damgarten
Mecklenburger Bucht
→ Feuerstein; Salzhaff;
Sund
Mecklenburg-Vorpommern
→ Armleuchteralge; Fisch-
land-Darß-Zingst; Hanse;
Küstenformen; Küsten-
schutz; Ostsee; Ribnitz-
Damgarten; Schutzgebiet;
Seebad; Sperrwerk; Vitte
Meerbusen → Bucht; Jadebu-
sen; Ostsee
Meereiche → Tang
Meerkohl → Warder

Miesmuschel → Muschel;
Schutzgebiet; Seestern
Missunde s. a. Fähre; Nord-
Ostsee-Kanal
Moin
Mole s. a. Pier; Seebrücke
Morsum-Kliff → Kliff; Küs-
tenformen
Möwe s. a. Dalbe; Fisch;
Fischbrötchen; Flutlinie;
Krabben; Kutter; Odde;
Poller; Schaf; Seesterne;
Seevögel
Muschel s. a. Bodden; Flut-
linie; Möwe; Schutzgebiet;
Seesterne; Seevögel; Steine;
Watt

N

Nationalpark → Anwachs;
Born; Fischland-Darß-
Zingst; Hallig; Königsstuhl;
Kreideküste auf Rügen; Rü-
gen; Schutzgebiet; Watt
Naturpark Schlei → Förde
Naturpark Westensee → Ei-
der
Naturschutz → Krabben;
Küstenschutz; Schutzge-
biet; Vorland; Warder
Nebel (Amrum) → Friesen
Nehrung s. a. Haff; Salzhaff;
Warder
Neßmersiel → Fähre
Neuendorfer Bülten → Born
Neuharlingersiel → Fähre
Neuwerk → Insel; Leucht-
turm; Schutzgebiet
Niebüll-Deezbüll → Alkoven
Niederdeutsch (Platt-
deutsch) → Achtern; Ach-
terwasser; Bannig; Bodden;
Dalbe; Geest; Insel; Klön-
dör; Kniepsand; Köm; Lee
und Luv; Petuh; Plietsch;
Spökenkieker
Niederlande → Bucht; But-
terfahrt; Dalbe; Deich; Dol-
lart; Eider; Moin; Nordsee;
Ostfriesische Teekultur
Niedersachsen → Butjatha;
Dangast; Deich; Deichgraf;
Jadebusen; Krabben; Küs-
tenschutz; Ostfriesische
Teekultur; Rostocker Hei-
de; Schutzgebiet; Seebad;
Sperrwerk

Niedersächsisches Watten-
meer (Nationalpark) → An-
wachs; Schutzgebiet
Nigehörn → Insel
Noor s. a. Förde; Haff; Küs-
tengewässer; Wikinger
Nordamerika → Muschel;
Tote Tante; Wikinger
Norddeich → Fähre
Norden (Stadt) → Ostfriesi-
sche Teekultur
Norderney → Insel; Küsten-
schutz; Seebad
Norderoog → Hallig
Nordfriesische Inseln
→ Bucht; Fähre; Friesen;
Insel; Kenknern; Knieps-
and; Krabben; Nordsee;
Schiff; Seehund; Sturmflut;
Tote Tante
Nordfriesland → Deich;
Ebbe; Friesen; Köm;
Leuchtturm; Moin; Nord-
see; Pharisäer; Rungholt;
Salzwiese; Seehund; Uth-
lande; Warft
Nord-Ostsee-Kanal s. a.
Eider; Förde
Nordsee s. a. Blanker Hans;
Bucht; Butjatha; Butter-
fahrt; Dalbe; Dangast;
Deich; Deichgraf; Dollart;
Dünen; Ebbe; Eider; Eider-
stedt; Fähre; Fisch; Friesen;
Gezeiten; Hanse; Insel;
Jadebusen; Kliff; Knieps-
and; Königsstuhl; Krabbel-
kälte; Krabben; Küsten-
formen; Küstengewässer;
Landgewinnung; Marsch;
Möwe; Muschel; Nord-
Ostsee-Kanal; Odde; Öl-
zeug; Ostsee; Priel; Qualle;
Salzhaff; Salzwiese; Sand-
bank; Schiff; Schweins-
wald; Seebad; Seehund;
Seenot; Seesterne; Seevögel;
Siel; Sperrwerk; Steine;
Strand; Strandfloh; Strand-
korb; Sturmflut; Warft;
Watt; Wikinger; Wind-
flüchter; Zugvögel
Nordseebad → Butjatha;
Dangast; Jadebusen; Seebad
Nordstrand → Hallig; Insel;
Nordsee; Pharisäer; Rung-
holt; Sturmflut

Nordstrandischmoor → Hallig; Sturmflut

Norwegen → Gezeiten; Steine; Wikinger

O

Odde s. a. Huk

Oder → Haff

Oevenum → Friesen

Oie → Insel

Oland → Hallig; Leuchtturm

Oldenburg → Moin

Ölzeug s. a. Friesen; Frostköttel; Kieler Woche; Krabbelkälte; Schietwetter; Südwester

Ostfriesische Inseln → Bucht; Fähre; Insel; Küstenschutz; Nordsee; Seehund; Strand; Sturmflut

Ostfriesland → Friesen; Kluntje; Krabben; Leuchtturm; Moin; Ostfriesische Teekultur

Ostfriesische Inseln → Bucht; Fähre; Insel; Küstenschutz; Nordsee; Seehund; Strand; Sturmflut

Ostfriesische Teekultur s. a. Kluntje

Ostsee s. a. Achterwasser; Bernstein; Bodden; Bucht; Butterfahrt; Dalbe; Dünen; Eider; Fähre; Feuerstein; Fisch; Fischland-Darß-Zingst; Förde; Friesen; Gezeiten; Haff; Hanse; Hohe Düne; Huk; Insel; Kliff; Königsstuhl; Krabbelkälte; Kreideküste auf Rügen; Küstenformen; Küstengewässer; Möwe; Muschel; Nehrung; Noor; Nord-Ostsee-Kanal; Nordsee; Ölzeug; Qualle; Rostocker Heide; Rügen; Salzhaff; Schiff; Schutzgebiet; Schweinswal; Seebad; Seenot; Seesterne; Seevögel; Steine; Strand; Strandfloh; Strandkorb; Sturmflut; Sund; Vitte; Warder; Watt; Wiek; Wikinger; Windflüchter; Zugvögel

Ostseebad → Hohe Düne; Pier; Rostocker Heide; Rügen; Seebad

P

Palstek → Knoten

Papenburg → Schiff

Peene → Achterwasser

Peenemünde → Fähre

Pellworm → Hallig; Insel; Nordsee; Rungholt; Strand; Sturmflut

Pesel → Friesen

Petuh

Pharisäer s. a. Frostköttel; Krabbelkälte; Tote Tante

Pharisäer s. a. Heringszaun

Pier s. a. Mole; Seebrücke

Pilsum → Leuchtturm

Plattdeutsch siehe Niederdeutsch

Plietsch

Poel → Fähre; Insel; Kliff; Schutzgebiet

Polder → Deich; Dollart; Sommerdeich

Polen → Butterfahrt; Haff

Poller s. a. Butterfahrt; Dalbe; Festmacher

Prerow → Seebrücke; Sturmflut

Pricken s. a. Fahrwasser

Priel s. a. Fähre; Fisch; Insel; Kniepsand; Krabben; Pricken; Seehund; Seenot; Watt

Prömpeln

Prorer Wiek → Wiek

Q

Qualle s. a. Flutlinie

Queller → Salzwiese

R

Rantum → Strandkorb; Strandung

Recknitz → Ribnitz-Damgarten

Reet → Born; Kenknern; Roter Hauberg; Uthlande

Rendsburg → Eider

Rerik → Fähre

Ribnitz-Damgarten s. a. Bernstein; Fähre

Rippelmarken → Ebbe; Watt

Robben → Flutlinie; Seehund; Wattwurm & Co.

Römö → Fähre; Halbinsel

Rostock → Fähre; Hanse; Hohe Düne; Ostsee; Ribnitz-Damgarten; Rostocker Heide; Schiff; Strandkorb

Rostocker Heide

Roter Hauberg s. a. Eiderstedt

Rotes Kliff → Kliff; Küstenformen

Rotspon → Travemünder Woche

Rügen s. a. Bernstein; Bodden; Fähre; Feuerstein; Insel; Kliff; Königsstuhl; Kreideküste auf Rügen; Küstenformen; Leuchtturm; Mole; Ostsee; Schutzgebiet; Seebad; Sund; Vineta; Vitte; Wiek; Zugvögel

Rungholt s. a. Hallig; Sturmflut; Vineta

Rum → Pharisäer; Tote Tante

Rummelpott → Kenknern

S

Saaler Bodden → Born; Fähre

Säbelschnäbler → Seevögel; Warder

Salz → Dünen; Möwe; Rungholt

Salzhaff s. a. Haff

Salzwasser → Bodden; Salzwiese; Seestern

Salzwiese s. a. Anwachs; Deich; Hallig; Marsch; Nordsee; Salzhaff; Schutzgebiet; Warder; Watt

Sandbank s. a. Kniepsand; Küstenformen; Priel; Schutzgebiet; Seehund; Watt; Wattwurm & Co.

Sandstrand → Hohe Düne; Rügen; Strand; Strandkorb; Vitte

Sandvorspülungen → Küstenschutz

Sassnitz → Fähre; Königsstuhl; Mole; Seebad

Schaprode (Rügen) → Fähre

Schaf s. a. Eiderstedt; Küstenschutz; Salzwiese; Seemannsgarn

Scharhörn → Insel

Schietwetter s. a. Frostköttel

Schiff s. a. Achtern; Backbord; Butterfahrt; Dalbe; Fähre; Fahrwasser; Festmacher; Fischland-Darß-Zingst; Glasen; Hanse;

190

Kiel er Woche; Knoten; Krabben; Krähennest; Kutter; Lee und Luv; Leuchtturm; Log; Mole; Möwe; Muschel; Nord-Ostsee-Kanal; Nordsee; Pier; Poller; Pricken; Priel; Rostocker Heide; Sandbank; Schleuderscheibe; Schutzgebiet; Seebrücke; Seenot; Strandung; Takelage; Tote Tante; Wikinger

Schilksee → Kieler Woche

Schlei → Fähre; Förde; Heringszaun; Kliff; Missunde; Noor; Wikinger

Schleimünde → Förde

Schleswig → Eider; Fähre; Missunde; Noor; Wikinger

Schleswig-Holstein → Deich; Eider; Eiderstedt; Förde; Geest; Kabbelsee; Kieler Woche; Kniepsand; Köm; Krabben; Küstenschutz; Missunde; Moin; Nord-Ostsee-Kanal; Ostsee; Priel; Seebad; Spökenkieker; Sturmflut; Sund; Tote Tante; Warder

Schleswig-Holsteinisches Wattenmeer (Nationalpark) → Hallig

Schleuderscheibe

Schlüttsiel → Fähre

Scholle → Fisch; Mole; Schweinswal

Schönhagener Kliff → Kliff

Schwedeneck → Kliff

Schulensee → Eider

Schutzgebiet s. a. Bodden; Born; Königsstuhl; Kreideküste auf Rügen; Rügen; Salzhaff; Seevögel; Warder

Schweden → Steine

Schwedeneck → Kliff

Schweinswal s. a. Wattwurm & Co.Wattwurm & Co.

Schwemmland → Marsch

Seeadler → Seevögel; Wattwurm & Co.

Seebad s. a. Dangast; Hohe Düne; Jadebusen; Nordsee; Ostsee; Pier; Rostocker Heide; Rügen; Strandkorb

Seebrücke s. a. Seebad

Seehund s. a. Flutlinie; Sand-

bank; Schiff; Wattwurm und Co.

Seeleute/-männer → Glasen; Log; Möwe; Ölzeug; Pier; Pricken; Sandbank; Schiff; Südwester

Seemannsgarn

Seemannssprache → Achtern; Backbord; Knoten; Luv und Lee; Pier; Pricken; Takelage; Zeug

Seemeile → Knoten; Nord-Ostsee-Kanal

Seenot s. a. Fahrwasser; Strandung; Watt

Seeschwalbe → Anwachs; Seevögel; Zugvögel

Seestern s. a. Flutlinie

Seevögel s. a. Anwachs; Bodden; Odde; Schutzgebiet; Sandbank; Warder; Watt; Wattwurm & Co.; Zugvögel

Seezeichen → Fahrwasser; Leuchtturm; Pricken

Segeln → Achterwasser; Born; Fahrwasser; Fischland-Darß-Zingst; Kabbelsee; Kieler Woche; Kutter; Schiff; Takelage; Travemünder Woche; Wikinger

Selker Noor → Noor

Sellin → Bernstein; Rügen; Seebad; Seebrücke

Siel s. a. Deich; Deichgraf; Landgewinnung

Silbermöwe → Möwe

Skagen → Nord-Ostsee-Kanal; Nordsee

Sommerdeich s. a. Hallig; Warft

Spandowerhagener Wiek → Wiek

Sperrwerk s. a. Eider; Küstenschutz; Sturmflut

Spiekeroog → Blanker Hans; Insel

Spökenkieker

Stahlbrode → Fähre

Steilküste → Huk

Stein (bei Kiel) → Kliff

Steine s. a. Düne; Feuerstein; Friesen; Kreideküste auf Rügen; Mole; Ostsee; Tang; Warder

Steinwarder → Warder

Stettiner Haff → Bodden; Haff

Steuerbord s. a. Backbord; Fahrwasser; Pricken

Steuermann → Achtern; Backbord; Lee und Luv; Möwe

Stör (Fisch) → Wattwurm & Co.

Stör (Fluss) → Sperrwerk

St. Peter-Ording → Salzwiese; Strand

St. Petersburg → Ostsee

Stralsund → Fähre; Hanse; Ostsee; Ribnitz-Damgarten; Schiff; Sund

Strand s. a. Bernstein; Deichgraf; Dünen; Eiderstedt; Feuerstein; Fischland-Darß-Zingst; Flutlinie; Friesen; Hohe Düne; Insel; Jadebusen; Kniepsand; Küstenformen; Muschel; Odde; Ostsee; Rügen; Seehund; Steine; Strandkorb; Tang; Vitte; Warder

Strand (Insel) → Hallig; Stumflut; Uthlande

Stranddistel → Warder

Strandfloh

Strandgut → Hallig; Strandung

Strandhafer → Dünen

Strandkorb s. a. Kutter; Nordsee; Ostsee; Strand

Strandpromenade → Fischbrötchen; Möwe; Sturmflut

Strandung s. a. Seenot

Strandwall → Noor; Warder

Streckelsberg → Kliff; Küstenformen

Strucklahnungshörn → Fähre

Sturmflut s. a. Anwachs; Blanker Hans; Deich; Dollart; Fähre; Flut; Hallig; Küstenschutz; Marsch; Nordsee; Odde; Ostsee; Rungholt; Seehund; Seenot; Sperrwerk; Uthlande; Vineta; Vorland; Warft

Südfall → Hallig; Rungholt

Südwester s. a. Ölzeug; Schietwetter

Sund s. a. Missunde

Sylt → Brandung; Dünen; Fähre; Friesen; Insel; Kliff;

Küstenschutz; Leuchtturm; Möwe; Nordsee; Odde; Rügen; Schietwetter; Seebad; Seehund; Strand; Strandkorb; Strandung; Sturmflut; Warder

T

Takelage s. a. Festmacher; Zeug

Tang s. a. Flutlinie

Tau/Tauwerk → Butterfahrt; Festmacher; Knoten; Poller; Seemannsgarn; Takelage

Tee → Friesen; Kluntje; Köm; Krabbelkälte; Ostfriesische Teekultur; Schietwetter

Thiessow → Rügen

Tide/Tidenhub → Flut; Gezeiten

Tonnenabschlagen → Fischland-Darß-Zingst

Tönning → Eider; Nord-Ostsee-Kanal; Sperrwerk

Tote Tante s. a. Frostköttel; Krabbelkälte

Travemünde → Fähre; Kliff; Leuchtturm; Travemünder Woche

Travemünder Woche

Treene → Wikinger

Trischen → Schutzgebiet

Tümmler → Schweinswal

U

Ückeritz → Achterwasser

Ufer → Born; Fähre; Fahrwasser; Flutlinie; Kliff; Kreidefelsen auf Rügen; Küstenformen; Lahnung; Landgewinnung; Mole; Noor; Seebrücke; Vorland; Warft

Uferschwalbe → Seevögel

Usedom → Achterwasser; Bodden; Fähre; Haff; Insel; Kliff; Küstenformen; Ostsee; Seebad; Seebrücke; Strand; Sturmflut; Wiek

Uthlande s. a. Friesen; Hallig

V

Vineta s. a. Küstenformen

Vitte

Vogelfluglinie → Zugvögel

Vorland s. a. Salzwiese

Vorpommern → Ribnitz-Damgarten; Rügen; Vineta; Vitte

Vorpommersche Boddenlandschaft (Nationalpark) → Bodden; Born; Fähre; Fischland-Darß-Zingst; Schutzgebiet; Zugvögel

W

Wale → Flutlinie; Hallig; Krähennest; Schiff; Strandung

Wanderdüne → Dünen

Wangerooge → Insel; Seebad

Want → Takelage

Warder s. a. Insel

Warft s. a. Hallig; Küstenschutz; Leuchtturm; Nordsee

Warnemünde → Kliff; Leuchtturm; Pier

Watt s. a. Anwachs; Bujatha; Deich; Dollart; Ebbe; Fähre; Fahrwasser; Fisch; Gezeiten; Hallig; Insel; Jadebusen; Krabben; Lahnung; Leuchtturm; Marsch; Nordsee; Priel; Pricken; Rungholt; Salzwiese; Schutzgebiet; Seehund; Seenot; Seevögel; Warft; Wattwurm & Co.; Zugvögel

Wattolümpiade → Watt

Wattwanderung → Pricken; Priel; Rungholt; Seenot; Watt

Wattwurm & Co. s. a. Fisch; Schutzgebiet; Watt

Wedel → Fähre

Wehle → Brak

Wellen → Brandung; Flutlinie; Gezeiten; Kabbelsee; Küstenformen; Lahnung; Ostsee; Schleuderscheibe; Steine; Sturmflut; Vineta

Wellenbrecher → Anwachs; Lahnung; Mole; Sommerdeich

Wenningstedt → Küstenformen

Weser → Jadebusen; Landgewinnung; Sturmflut

Wesermarsch → Butjatha

Wesselburen → Marsch

Westensee → Eider

Westerheversand → Eiderstedt; Leuchtturm

Wesermarsch → Butjatha

Westerland → Deichgraf; Seebad; Strandkorb

Westfriesische Inseln → Bucht; Nordsee

Wieck (Greifswald) → Sperrwerk; Wiek

Wiek s. a. Bucht

Wiek auf Rügen → Wiek

Wieker Bodden → Wiek

Wilhelmshaven → Fähre; Jadebusen; Landgewinnung; Schiff

Windebyer Noor → Förde; Noor

Windflüchter

Windjammer → Kieler Woche; Schiff

Wikinger s. a. Butjatha; Muschel; Noor; Ostsee

Wischhafen → Sperrwerk

Wismar → Fähre; Hanse; Ostsee; Salzhaff; Schiff

Wismar-Bucht → Salzhaff

Witzwort → Roter Haubarg

Wolgast → Achterwasser; Fähre; Schiff

Wremen → Seebad

Wurten → Warft

Wustrow → Kliff

Wyk auf Föhr → Seebad; Uthlande

Y

Yacht/Yachthafen → Hohe Düne; Kieler Woche; Kutter; Schiff

Z

Zeesboot → Fischland-Darß-Zingst

Zeug s. a. Takelage

Zingst → Bodden; Fischland-Darß-Zingst; Küstenformen; Ostsee; Ribnitz-Damgarten; Schiff; Schutzgebiet; Seebrücke; Sturmflut; Zugvögel

Zinnowitz → Achterwasser; Seebad

Zoll → Butterfahrt

Zugvögel s. a. Anwachs; Seevögel; Watt; Wattwurm & Co.

Zwergmöwe → Möwe